Sonia Marghali

Hedysarum coronarium L. (Fabacées)

Sonia Marghali

Hedysarum coronarium L. (Fabacées)

Analyse de la diversité génétique en Tunisie et Recherche de marqueurs moléculaires liés à des Quantitative Trait Loci

Presses Académiques Francophones

Impressum / Mentions légales
Bibliografische Information der Deutschen Nationalbibliothek: Die Deutsche Nationalbibliothek verzeichnet diese Publikation in der Deutschen Nationalbibliografie; detaillierte bibliografische Daten sind im Internet über http://dnb.d-nb.de abrufbar.
Alle in diesem Buch genannten Marken und Produktnamen unterliegen warenzeichen-, marken- oder patentrechtlichem Schutz bzw. sind Warenzeichen oder eingetragene Warenzeichen der jeweiligen Inhaber. Die Wiedergabe von Marken, Produktnamen, Gebrauchsnamen, Handelsnamen, Warenbezeichnungen u.s.w. in diesem Werk berechtigt auch ohne besondere Kennzeichnung nicht zu der Annahme, dass solche Namen im Sinne der Warenzeichen- und Markenschutzgesetzgebung als frei zu betrachten wären und daher von jedermann benutzt werden dürften.

Information bibliographique publiée par la Deutsche Nationalbibliothek: La Deutsche Nationalbibliothek inscrit cette publication à la Deutsche Nationalbibliografie; des données bibliographiques détaillées sont disponibles sur internet à l'adresse http://dnb.d-nb.de.
Toutes marques et noms de produits mentionnés dans ce livre demeurent sous la protection des marques, des marques déposées et des brevets, et sont des marques ou des marques déposées de leurs détenteurs respectifs. L'utilisation des marques, noms de produits, noms communs, noms commerciaux, descriptions de produits, etc, même sans qu'ils soient mentionnés de façon particulière dans ce livre ne signifie en aucune façon que ces noms peuvent être utilisés sans restriction à l'égard de la législation pour la protection des marques et des marques déposées et pourraient donc être utilisés par quiconque.

Coverbild / Photo de couverture: www.ingimage.com

Verlag / Editeur:
Presses Académiques Francophones
ist ein Imprint der / est une marque déposée de
OmniScriptum GmbH & Co. KG
Heinrich-Böcking-Str. 6-8, 66121 Saarbrücken, Deutschland / Allemagne
Email: info@presses-academiques.com

Herstellung: siehe letzte Seite /
Impression: voir la dernière page
ISBN: 978-3-8381-4201-2

Copyright / Droit d'auteur © 2014 OmniScriptum GmbH & Co. KG
Alle Rechte vorbehalten. / Tous droits réservés. Saarbrücken 2014

ABREVIATIONS

ADN / ARN: Acide désoxyribonucléique / Acide ribonucléique
BET: Bromure d'Ethidium
cm / nm: centimètre / nanomètre
CTAB: Hexadecyltriméthyl Ammonium Bromide
dNTP: Désoxyribo Nucléotide Triphosphate
DO: Densité Optique
EDTA: Acide Ethylènediamine Tétracétique
M: molaire
P.A.G.E.: Electrophorèse sur gel de polyacrylamide
pb: paire de bases
QTL: Quantitative Trait Loci
rpm: rotation par minute
SDS: Sodium Dodecyl Sulfate
TBE: Tris Borate EDTA
TE: Tris EDTA
TEMED: N N N' N' Tetramethyl Ethylene Diamine

AFLP: Amplified Fragment Length Polymorphism
ISSR: Inter Simple Sequence Repeat
RFLP: Restriction Fragment Length Polymorphism

SOMMAIRE

INTRODUCTION GENERALE 2

DELIMITATION DU SUJET 5

CHAPITRE I-
APPORTS DES MARQUEURS MOLECULAIRES DANS L'EVALUATION DE LA DIVERSITE GENETIQUE ... 8

A-   Les outils moléculaires 8

    1- Restriction Fragment Length Polymorphism (RFLP) 8

    2- Polymerase Chain Reaction (PCR) 9

    3- Amplified Fragment Length Polymorphism (AFLP) 9

    4- Les séquences microsatellites 11

B-   Cartographie génétique 13

    1- Principe de construction d'une carte génétique 13

    2- Principales espèces cartographiées 15

    3- Exploitation des cartes génétiques 15

CHAPITRE II-
MATERIEL & METHODES 18

A-   Matériel biologique 18

    1- Présentation du genre 18

    2- *H. coronarium*: Présentation de l'espèce 19

    3- Les populations de *H. coronarium* étudiées 28

B-   Méthodes utilisées 31

    1- Méthodes utilisées pour l'analyse de la variabilité génétique 31

        1.1- Germination des graines 31

        1.2- Les caractères morphologiques mesurés 31

    2- Les analyses moléculaires 32

        2.1- Préparation de l'ADN 32

        2.2- Le polymorphisme de longueur des fragments amplifiés (AFLP) 35

2.3- L'inter Simple Sequence Repeats (ISSR) 47

3- Analyse statistiques des données 53

RESULTATS 60

CHAPITRE III-
ANALYSE DE LA DIVERSITE GENETIQUE PAR LES MARQUEURS AFLP 63

A- **Développement de la technique AFLP chez *Hedysarum*** 63

1- Dosage de l'ADN cellulaire total 63

2- Digestion complète de l'ADN cellulaire total 65

3- Choix des couples d'amorces 65

B- **Analyse des profils AFLP** 65

1- Restriction enzymatique de l'ADN total 67

2- Ligation des fragments de restriction aux adaptateurs 67

3- Amplification des fragments de restriction 67

a- Préamplification 67

b- Amplification sélective 69

C- **Analyse de la diversité génétique par les marqueurs AFLP** 73

1- Recensement des marqueurs AFLP 73

2- Analyse de la diversité intra-population 74

a- Fréquence des marqueurs AFLP 74

b- Diversité génétique de Shannon 74

c- Distances génétiques de Nei and Li (1979) 76

d- Etablissement des dendrogrammes 76

3- Analyse de la diversité inter-populations 77

a- Diversité génétique de Shannon 77

b- Distances génétiques entre les populations 78

c- Dendrogramme basé sur les distances génétiques de Nei & Li 81

4- Analyses multivariées 81

a- Analyse en composantes principales	81
b- Analyse factorielle des correspondances	86
5- Conclusions	90

CHAPITRE IV-
ANALYSE DE LA VARIABILITE GENETIQUE PAR LES MARQUEURS ISSR 93

A- Application de la technique ISSR chez *Hedysarum* 93

B- Analyse des profils ISSR 96

C- Etude de la variabilité génétique par les marqueurs ISSR 96

    1- Distances génétiques entre les populations 97

    2- Analyse du dendrogramme 101

D- Conclusions 103

CHAPITRE V-
IDENTIFICATION DE MARQUEURS AFLP IMPLIQUES DANS L'ARCHITECTURE DE
H. coronarium 106

A- Création d'une descendance en ségrégation 107

    1- Etude morphologique 108

        a- Analyse en composantes principales 108

        b- Analyse factorielle des correspondances 113

    2- Analyse moléculaire par AFLP 116

    3- Analyse conjointe des données morphologiques et moléculaires 122

        a- Evaluation des distances de Mahalanobis 122

        b- Evaluation des distances génétiques de Nei & Li 123

        c- Test de Mantel 123

B- Conclusions 125

CONCLUSIONS GENERALES ET DISCUSSION 130

REFERENCES BIBLIOGRAPHIQUES 139

ANNEXES

INTRODUCTION GENERALE

L'utilisation rationnelle d'une espèce à des fins multiples dépend de sa diversité génétique. Cette diversité permet d'assurer son adaptation aux différentes fluctuations du milieu ainsi qu'aux multiples agressions par les agents pathogènes (virus, champignons etc...).

La diversité floristique constitue un capital nécessaire au maintien de l'équilibre écologique des écosystèmes. En effet, les ressources phytogénétiques permettent de protéger l'environnement, essentiellement en faisant obstacle à l'érosion génétique et à la désertification (Neffatti *et al.*, 1999). Actuellement, on assiste à une érosion génétique des populations naturelles des espèces végétales en rapport avec le changement des systèmes agraires, l'urbanisation, l'extension des populations humaines et la destruction des écosystèmes (Hughes *et al.*, 1997; Tillman & Lehman, 2001).

En Tunisie, cette diversité est sévèrement menacée. En effet, le pastoralisme rencontre des difficultés d'origine diverses en particulier les irrégularités pluviométriques, les pratiques de pâturage et l'érosion du sol entraînant la dégradation et la réduction des parcours.

Dans le secteur agricole, l'adoption généralisée d'un nombre restreint de variétés améliorées a réduit la base génétique de nombreuses espèces et a fait disparaître certaines populations spontanées ainsi que des variétés et des cultivars locaux. De plus, l'urbanisation et le transport du bétail tendent à restreindre considérablement les zones de parcours.

En Tunisie, certaines espèces du genre *Hedysarum* (Fabaceae) peuvent constituer un important patrimoine phytogénétique apte à être exploité pour la production de fourrage et la valorisation des parcours dégradés (Abdelguerfi-Berrekia & Abdelguerfi, 1986; Boussaïd *et al.*, 1995). En effet, les diverses espèces du genre *Hedysarum*, poussant en Tunisie à l'état spontané, servent aussi bien pour la pâture que pour la protection des sols en pente marneuse. Cependant, ces populations spontanées ont généralement un apport négligeable du point de vue production fourragère sous prétexte de difficultés lors de leur exploitation notamment à cause de leur port rampant (Trifi-Farah *et al.*, 2002).

Notons que l'espèce *H. coronarium*, appelée couramment Sulla ou Sainfoin d'Espagne, est la seule qui soit cultivée (Boussaïd *et al.*, 1995). L'importance et l'impact de *H. coronarium* sur la production fourragère en Tunisie, expliquent l'intérêt particulièrement porté à cette espèce dans ce travail. En effet, cette espèce fourragère mellifère qui est bien adaptée aux conditions environnementales locales (de l'humide au semi-aride) se prête aussi bien à la pâture qu'à la fauche et peut être impliquée dans la valorisation des jachères (Boussaid *et al.*, 1995).

L'analyse de la diversité génétique des populations naturelles par des marqueurs génétiques neutres ou sélectifs constitue un primordial pour la conservation, l'élaboration de stratégies efficaces de leur amélioration afin d'assurer la réhabilitation des parcours dégradés.

Les différents travaux entrepris sur le genre *Hedysarum*, bien représenté dans le bassin Méditerranéen et notamment en Tunisie, ont concerné plusieurs axes de recherche portant sur la variabilité morphologique, isoenzymatique et moléculaire (Combes *et al.*, 1975; Figier *et al.*, 1978; Trifi-Farah, 1986; Boussaïd, 1987; Chatti, 1987; Trifi-Farah *et al.*, 1989; Baatout *et al.*, 1991; Ben Fadhel-Jendoubi, 1993). Des analyses portant sur la biologie florale (Chriki, 1986), la morphogénèse *in vitro* (Boussaïd, 1987), ainsi que des expériences de polyploïdisation (Béji, 1991) ont été également effectuées. Ces travaux ont d'ores et déjà permis de déterminer le régime de reproduction, de caractériser et d'évaluer la diversité génétique de certaines espèces du genre.

Dans le cas de *H. coronarium*, l'exploitation d'autres marqueurs moléculaires correspondant à différentes régions du génome constitue un complément efficace permettant de préciser l'analyse du polymorphisme et de la structuration des populations afin de promouvoir la conservation et la valorisation de l'espèce.

DELIMITATION DU SUJET

DELIMITATION DU SUJET

Dans le but d'évaluer la diversité génétique, de valoriser et d'établir une stratégie de sauvegarde des espèces fourragères, nous nous sommes particulièrement intéressés à l'espèce *H. coronarium* L. en considérant un caractère agronomique particulier en l'occurrence l'architecture de la plante. De ce fait, l'utilisation d'un grand nombre de marqueurs moléculaires neutres, polymorphes et dont la ségrégation peut être suivie à travers plusieurs générations permettrait de détecter les facteurs génétiques impliqués dans l'architecture de la plante.

Nos travaux visent en particulier:

- **L'analyse du polymorphisme moléculaire** au sein de l'espèce *H. coronarium* L. en nous basant sur les marqueurs AFLP et ISSR en vue d'estimer la variabilité génétique intra- et inter-populations.

- **La détection de génotypes performants** se base sur l'établissement d'empreintes génétiques et la caractérisation de populations spontanées et cultivées.

- **La recherche de marqueurs AFLP liés à l'architecture de la plante** grâce à une étude conjointe moléculaire et morphologique afin de détecter les génotypes des individus à port extrême (dressé ou prostré) candidats à la sélection.

Dans le premier chapitre de ce mémoire, nous présenterons l'apport des outils moléculaires dans l'analyse de la diversité génétique.

Le second chapitre décrit les données relatives au genre *Hedysarum*, les populations de *H. coronarium* étudiées, les méthodes expérimentales utilisées ainsi que les traitements statistiques appliqués à l'interprétation des données.

Le dernier chapitre du mémoire portera sur l'analyse et la discussion des résultats obtenus. Ces derniers seront ainsi structurés:

-l'étude de la diversité génétique des populations étudiées en ciblant le polymorphisme de longueur des fragments amplifiés (AFLP),

-l'analyse du polymorphisme des séquences cadrées par les microsatellites (ISSR),

-l'analyse morphologique et moléculaire par AFLP permettra la recherche des génotypes candidats à la sélection.

Une discussion et une conclusion générale feront suite aux résultats obtenus dans ce travail.

Chapitre I: Apport des outils moléculaires dans l'évaluation de la diversité génétique

Chapitre I
APPORTS DES OUTILS MOLECULAIRES DANS L'EVALUATION DE LA DIVERSITE GENETIQUE

Le développement de la biologie moléculaire a permis de mettre en évidence de très nombreux niveaux de polymorphisme de l'ADN dans le génome. La révélation des marqueurs moléculaires appuie efficacement l'analyse de la variabilité génétique grâce aux informations fournies sur la structure des gènes et leur mode de transmission à travers les générations.

Les différents marqueurs moléculaires sont exploités pour la caractérisation des lignées, des hybrides et des cultivars. De plus, ils sont utilisés dans le contrôle de l'introgression, l'étude de la phylogénie et sont impliqués dans les programmes d'amélioration (Winter & Kahl, 1995).

A- Les outils moléculaires

Les techniques généralement exploitées pour l'étude de la diversité et la détermination des empreintes génétiques sont essentiellement basées sur la RFLP (Restriction Fragment Length Polymorphism) (Botstein *et al.*, 1980) et la PCR (Polymerase Chain Reaction) (Saïki *et al.*, 1985).

1- Restriction Fragment Length Polymorphism (RFLP)

La technique RFLP consiste à comparer les profils de restriction obtenus après digestion de l'ADN par une ou plusieurs enzymes de restriction et séparation des fragments selon leur taille par électrophorèse. L'utilisation de sondes homologues ou hétérologues permet de révéler le polymorphisme au niveau de certaines séquences auxquelles la sonde s'hybride. Le marquage de la sonde peut se faire à froid ou à l'aide de la radioactivité. L'analyse du polymorphisme de longueur des fragments de restriction (RFLP) permet de comparer les ADN de différents individus et de rechercher des mutations ponctuelles faisant apparaître ou disparaître des sites de restriction (Tanksley *et al.*, 1989; Jeffreys *et al.*, 1991). Les marqueurs RFLP basés sur l'utilisation de différentes combinaisons sondes/enzymes sont exploités dans plusieurs travaux pour la cartographie des génomes (Kiss *et al.*, 1993) et permettent aussi de définir, au niveau moléculaire, les relations phylogéniques de différentes espèces (Gill *et al.*, 1991).

2- Polymerase Chain Reaction (PCR)

L'analyse de génomes est devenue pratique grâce à l'amplification de nombreuses séquences et ce au cours d'une seule manipulation grâce à la polymérisation en chaîne de l'ADN (PCR) (Saiki *et al.*, 1985; Mullis *et al.*, 1986). Pour l'étude du polymorphisme, l'élaboration d'un grand nombre de méthodes dérivées de la PCR a permis de développer d'autres marqueurs tels que l'AFLP (Amplified Fragment Length Polymorphism) (Zabeau & Vos, 1993; Vos *et al.*, 1995; Cho *et al.*, 1996); la RAPD (Random Amplified Polymorphism DNA) (Williams *et al.*, 1990), ISSR (Inter Simple Sequence Repeat) (Zietkiewicz *et al.*, 1994) et les SSR (Simple Sequence Repeat) (Tautz, 1989).

Parmi les nombreuses techniques connues, les techniques AFLP et ISSR, appliquées dans ce travail, seront développées. Le polymorphisme généré par ces deux techniques est essentiellement utilisé comme étant une source de marqueurs génétiques dans le but d'évaluer la diversité génétique, d'établir des cartes de liaison et d'assister la sélection (Tanksley *et al.*, 1996; Fulton *et al.*, 2000).

3- Amplified Fragment Length Polymorphism (AFLP)

a- Présentation de l'AFLP

Il s'agit d'une technique de marquage moléculaire utilisée pour mettre en évidence le polymorphisme au niveau de l'ADN (Vos *et al.*, 1995). L'AFLP est basée sur une amplification par PCR des fragments de restriction générés après digestion de l'ADN cellulaire total (Mackill, 1999; Zabeau & Vos, 1993). En effet, l'hydrolyse de l'ADN cellulaire total d'un échantillon par des enzymes de restriction génère des fragments dont la longueur dépend du nombre et de la position des sites de coupure. Les fragments de restriction obtenus sont par la suite amplifiés grâce à des amorces complémentaires aux sites de restriction et à des séquences adaptateurs arbitraires. Les empreintes génétiques engendrées constituent un moyen d'identifier un ADN spécifique. Elles permettent de définir, au niveau moléculaire, le polymorphisme de différentes espèces, populations ou individus.

Les amplimères sont séparés et révélés sur un gel de polyacrylamide dénaturant. Différents types de révélation sont utilisés pour détecter le polymorphisme de l'ADN. Il s'agit essentiellement du marquage par la radioactivité ou la fluorescence et la révélation au nitrate d'argent (Goldman & Merril, 1982; Bassam *et al.*, 1991; Chalhoub *et al.*, 1997):

♦ Le marquage radioactif: On distingue plusieurs méthodes selon la localisation du marquage (extrémités ou interne à la séquence).

♦ La Fluorescence: Le marquage à la fluorescence est réalisé à l'aide d'un agent fluorochrome tel que la fluorescéine.

♦ La révélation au nitrate d'argent: La coloration des fragments d'ADN au nitrate d'argent est effectuée en conditions dénaturantes sur des gels de polyacrylamide.

b- Applications de l'AFLP

Le polymorphisme observé après amplification des fragments de restriction obtenus à partir d'ADN génomique total est dû à:

- une modification au niveau de la longueur des fragments de restriction liée à une perte ou un gain d'un site de restriction.

▪ la sélection des fragments de restriction après amplification selon la séquence des nucléotides sélectifs additionnés à l'extrémité 3' des amorces.

La mise en évidence d'un tel polymorphisme permet:

- L'évaluation de la variabilité génétique: ce type d'analyse est effectué chez de nombreuses espèces végétales notamment *Arabidopsis thaliana*, (Arumuganathan & Earle, 1991) chez la tomate (*Lycopersicon esculentum*) (Saliba-colombani *et al.*, 2000), le maïs (*Zea mays*) (Xu *et al.*, 1999).

- L'étude de la phylogénie: Les marqueurs AFLP, révélateurs du polymorphisme intra- et inter-spécifique, ont permis de déterminer les distances génétiques entre espèces telles que les analyses phylogéniques chez le blé (Özkan *et al.*, 2002), la tomate (Spooner *et al.*, 2003), le ray-grass (Cresswell *et al.*, 2001) et la chicorée à racine (Koch & Jung, 1997).

- Les cartes génétiques: De nombreuses cartes ont été établies chez les végétaux parmi lesquelles la carte génétique réalisée chez la tomate à l'aide des marqueurs RFLP, RAPD et AFLP (Saliba-Colombani *et al.*, 2000) et chez le maïs, en utilisant les marqueurs RFLP, SSR et AFLP (Xu *et al.*, 1999). En outre, la carte génétique basée uniquement sur les marqueurs AFLP a été établie chez l'orge pour localiser des loci intervenant dans l'expression de caractères physiologiques (QTL) qui déterminent le rendement de cette plante (Yin *et al.*, 1999).

4- Les séquences microsatellites

Les microsatellites correspondent à des séquences nucléotidiques répétées en tandem et dispersées dans tous les génomes. Les microsatellites sont constitués d'une succession de quelques nucléotides (2 à 6) répétés en tandem de cinq à environ cent fois (Tautz, 1993). Parmi les nombreuses techniques permettant d'analyser le polymorphisme des microsatellites, celles qui sont couramment utilisées sont l'Inter Simple Sequence Repeats (ISSR) (Gupta *et al.*,

1994, Zietkiewicz *et al.*, 1994), Simple Sequence Repeats (SSR) (Wu & Tanksley, 1993; Wu *et al.*, 1994), Variable Number of Tandemly Repeats (VNTR) (Sharma *et al.*, 1995). Cependant la nécessité d'une connaissance préalable de la nature des motifs de répétition ainsi que des régions qui les encadrent nous a amené à orienter notre choix vers la technique ISSR. En effet, une seule amorce complémentaire à un motif microsatellite permet d'amplifier d'une façon aléatoire des régions anonymes du génome.

a- Présentation de l'Inter Simple Sequence Repeats (ISSR)

Elle utilise des amorces microsatellites pour amplifier les régions d'ADN situées entre les motifs répétés (Sharma *et al.*, 1995). Une seule amorce est utilisée lors d'une réaction d'amplification PCR pour générer plusieurs fragments de taille variable qui sont analysés par électrophorèse sur gel d'agarose ou d'acrylamide.

On connaît deux variants de l'ISSR selon le type d'amorces utilisées:

- Microsatellite-Primed PCR ou MP-PCR: amorces simples (Gupta *et al.*, 1994).
- Anchored Microsatellite-Primed PCR ou AMP-PCR: des amorces ancrées du côté 5' ou 3' (Zietkiewicz *et al.*, 1994).

b- Applications de l'ISSR

- Estimation de la diversité génétique: Les premières études utilisant les marqueurs ISSR ont été réalisées en 1994 (Zietkiewicz *et al.*, 1994; Gupta *et al.*, 1994). Ces marqueurs sont très variables chez les végétaux notamment les céréales (Lu *et al.*, 1996; Sanchez *et al.*, 1996; Susan & Ogihara, 1997; Kojima *et al.*, 1998; Blair *et al.*, 1999), les arbres fruitiers (Fang & Roose, 1997; Fang *et al.*, 1998; Moreno *et al.*, 1998), les Légumineuses (Sharma *et al.*, 1995) et les Solanacées (Prevost & Wilkinson, 1999).

- L'étude de la phylogénie: Plusieurs travaux ont été effectués pour l'étude de la phylogénie notamment chez le genre Citrus (Fang *et al.*, 1998), chez le blé (Nagaoka & Ogihara, 1997).

- Les cartes génétiques: Différents marqueurs ISSR liés à des gènes impliqués dans des caractères morphologiques d'intérêt ont été identifiés chez différentes espèces. En effet, un marqueur lié à un gène de restauration de fertilité a été localisé chez le riz (Akagi *et al.*, 1996). Un autre marqueur lié à un gène de résistance à la fusariose a également été déterminé chez le pois chiche (Ratnaparkhe *et al.*, 1998).

B- Cartographie génétique

La disponibilité d'un nombre considérable de marqueurs moléculaires neutres, polymorphes et dont la ségrégation peut être suivie à travers les générations permet la construction de cartes génétiques.

Le développement des cartes de liaison a contribué à l'analyse génétique des espèces et à leur exploitation potentielle en sélection. En effet, les cartes génétiques saturées permettent une décomposition des caractères morphologiques complexes en leurs composantes «Quantitative Trait Loci» (QTL) et l'utilisation de la liaison entre ces derniers et les différents marqueurs pour l'amélioration assistée par marquage moléculaire.

1- Principe de construction d'une carte génétique

L'établissement d'une carte génétique nécessite la création d'une descendance en ségrégation issue d'un croisement par reproduction sexuée, ainsi que la caractérisation moléculaire des individus de la descendance. L'utilisation des analyses statistiques permet d'estimer les distances génétiques entre les marqueurs moléculaires d'un même groupe de liaison, puis de les ordonner à l'intérieur de chaque groupe.

La caractérisation et la sélection des parents du croisement pour la création d'une descendance en ségrégation constituent la première étape de la cartographie. Les parents sont souvent choisis de façon à maximiser les chances d'obtenir du polymorphisme moléculaire dans la descendance. En effet, le choix des parents porte sur des phénotypes assez contrastés qui permettent d'évaluer les effets génétiques pour les loci impliqués dans l'expression des caractères d'intérêt. Une fois les parents choisis, une descendance en ségrégation de plusieurs dizaines d'individus sera nécessaire pour obtenir un échantillon d'évènements méiotiques suffisants pour estimer le mieux possible les taux de recombinaison entre les marqueurs. Les pedigrees les plus utilisés sont les suivants:

- Une descendance F_2, issue de l'autofécondation d'un hybride F_1 (Helentjaris *et al.*, 1986; Tanksley *et al.*, 1992)
- Une population "bulk F_3" dérivée d'individus F_2 par une génération d'autofécondation (Chang *et al.*, 1988; Nam *et al.*, 1989; Graner *et al.*, 1991; Beavis & Grant, 1991; Gradiner *et al.*, 1993)
- Une population de lignées recombinantes dérivée des individus F_2 par 5 ou 6 générations d'autofécondation sans sélection (Burr *et al.*, 1988; Reiter *et al.*, 1992; Philipp *et al.*, 1994)
- Un backross de première génération lorsque l'hybride F_1 est croisé avec l'un des parents (Gebhardt *et al.*, 1991; Durham *et al.*, 1992)
- Des lignées issues d'haploïdes doublés chez les espèces où l'on sait induire les phénomènes d'androgénèse ou de gynogénèse (Kleinhofs *et al.*, 1993; Graner *et al.*, 1991; Al-Janabi *et al.*, 1993; Heun *et al.*, 1991; Ferreira *et al.*, 1994)
- Une famille d'hybrides simples, inter- ou intra-spécifique (Echt *et al.*, 1994; Grattapaglia & Sederoff, 1994)
- Une famille d'hybrides doubles (Jarrel *et al.*, 1992; Devey *et al.*, 1994)
- Une population issue de pollinisation libre chez les espèces

- allogames comme les arbres forestiers (Bahrman & Damerval,
- 1989; Tulsieram et al., 1992; Nelson et al., 1993; Binelli & Bucci, 1994; Plomion et al., 1995).

Le choix d'un type de descendance dépend essentiellement des contraintes biologiques de l'espèce. Néanmoins, les familles issues de backcross ou les F_2 sont les plus utilisées car elles sont plus rapides à obtenir, et chaque individu de ces deux types de population est unique.

Une fois la descendance obtenue, on procède au criblage des marqueurs informatifs qui révèlent des différences entre les lignées parentales. Chaque individu de la population en ségrégation est ensuite typé en utilisant différents marqueurs polymorphes. Les marqueurs sont alors soumis à des tests de liaison (Morton, 1955).

2- Principales espèces cartographiées

L'avancée technologique dans la mise au point des marqueurs moléculaires ainsi que le développement de l'analyse informatique des données, a entraîné un véritable essor dans le domaine de la cartographie génétique. Ainsi, les cartes existantes ont été complétées jusqu'à saturation. De plus, il est devenu possible d'étudier des espèces sur lesquelles aucune information génétique n'existait. Les cartes "RFLP" (Bostein et al., 1980) d'espèces agronomiques majeures (Arabidopsis thaliana, tomate, pomme de terre, maïs, riz, blé) ont été ainsi établies (Bernatzky & Tanksley, 1986; Burr et al., 1988; McCouch et al., 1988; Tanksley et al., 1988; Gebhardt et al., 1991; Helentjaris et al., 1986; Landry et al., 1987; Chao et al., 1989).

3- Exploitation des cartes génétiques

Les méthodes de détection des loci contrôlant des caractères qualitatifs ou intervenants dans l'expression de caractères quantitatifs sont les suivants:

a- Cartographie de caractères à déterminisme génétique simple

Lorsque le phénotype du caractère ciblé se comporte de façon mendélienne, il peut être cartographié comme tout autre marqueur génétique. La technique la plus efficace pour placer des marqueurs proches d'une région chromosomique spécifique, consiste alors à comparer des lignées isogéniques ne différant qu'au niveau du gène ciblé. Ainsi, des gènes de résistance à des maladies ont pu être détectés chez le soja (Diers *et al.*, 1992), la tomate (Van Der Beek *et al.*, 1992), la laitue (Paran *et al.*, 1991), l'orge (Hinze *et al.*, 1991), le riz (Yu *et al.*, 1991) et l'avoine (Penner *et al.*, 1993).

b- Cartographie de locus contrôlant des caractères à déterminisme génétique complexe (Quantitative Trait Loci, «QTL»)

De nombreux caractères d'intérêt agronomique ne sont pas contrôlés par un gène majeur. Ils résultent au contraire de l'action de gènes à effets interactifs (Shrimpton & Robertson, 1988) et influencés par l'environnement. La détection d'une liaison entre marqueurs et «QTL» dépend de l'existence d'un déséquilibre de liaison entre eux. De nombreuses méthodes ont été proposées pour localiser des «QTL» sur une carte génétique. Les premières considèrent les marqueurs de façon individuelle et utilisent l'analyse de variance à un facteur (Tanksley *et al.*, 1982; Beckmann & Soller, 1988; Soller & Beckmann, 1990). D'autres techniques considèrent des couples de marqueurs adjacents (Weller, 1987; Haley & knott, 1992; Rodolphe & Lefort, 1993). Lander & Botstein (1989) impliquèrent cette méthode dans une approche appelée «cartographie par intervalle» (interval mapping) qui utilise la théorie du maximum de vraisemblance et qui est basée sur la régression linéaire. Chez la tomate, une carte génétique très dense a permis d'identifier des segments de 3 cM contenant des «QTL» pour la qualité du fruit par la technique de «fine mapping» (Paterson *et al.*, 1990).

Chapitre II: MATERIEL & METHODES

Chapitre II
MATERIEL & METHODES

A- Matériel biologique
1- Présentation du genre

Le genre *Hedysarum* (Fabacées) renferme des espèces appartenant soit au groupe des espèces Alpines, Arctiques et Asiatiques ($2n=2x=14$ chromosomes), soit au groupe Méditerranéen ($2n=2x=16$ chromosomes) (Pottier-Alapetite, 1979; Baatout *et al.*, 1990; Boussaïd *et al.*, 1995).

Les espèces du groupe Méditerranéen couvrent une large aire de répartition allant de l'humide au saharien supérieur (Boussaid *et al.* 1995). Ainsi, elles sont rencontrées en Espagne, en France, en Grèce, en Italie, en Libye, au Maghreb, en Palestine, en Syrie, en Turquie et dans les îles de Malte, de Sardaigne et de Sicile (Trifi-Farah & Marrakchi, 2001).

Plusieurs prospections entreprises dans plusieurs pays du bassin Méditerranéen dont l'Afrique du Nord, les Iles de Malte, de Sicile et de Sardaigne, le Sud de la France ont permis le recensement, la caractérisation ainsi que la détermination de l'aire de distribution des différentes espèces. Une collection des accessions est conservée au Laboratoire de Génétique Moléculaire, Immunologie et Biotechnologie de la Faculté des Sciences de Tunis.

Dix espèces sont signalées au sein du groupe méditerranéen du genre *Hedysarum* d'après les flores (Maire, 1958; Fournier, 1961; Pottier-Alapetite, 1979; Battandier, 1988). Il s'agit:

- des espèces diploïdes en l'occurrence: *H. coronarium* L., *H. carnosum* Desf., *H. flexuosum* L., *H. spinosissimum* L. avec ses deux sous espèces *H. capitatum* Desf. et *H. spinosissimum* Briquet, *H. aculeolatum* Munby.

- des espèces renfermant les deux niveaux de ploïdie (di et tétraploïdes):

H. pallidum Desf., *H. naudinianum* Coss. et *H. perrauderianum* Coss.

- des espèces non encore définies du point de vue caryologique: *H. humile* L. et *H. membranaceum* Coss. et Bal.

En Tunisie, le genre *Hedysarum* est représenté par les espèces *H. coronarium* L., *H. pallidum* Desf. et la sous espèce *H. spinosissimum ssp capitatum* Desf. qui sont présentes au nord de la Dorsale tunisienne, *H. carnosum* Desf. et la sous espèce *H. spinosissimum ssp spinosissimum* Briquet qui occupent le Centre et le Sud du pays. L'espèce *H. flexuosum* L., bien que signalée dans la flore d'Algérie de Quezel & Santa (1962) et la flore de la Tunisie de Pottier-Alapetite (1979), semble être totalement extincte en Tunisie (Boussaïd *et al.* 1995; Trifi-Farah & Marrakchi, 2000).

Ces espèces et sous espèces se distinguent particulièrement par leur morphologie, leur système de reproduction et leur distribution géographique. Certaines espèces telles que *H. flexuosum, H. aculeolatum, H. humile, H. naudinianum, H. perrauderianum, H. membranaceum* sont soumises à une érosion génétique sévère comme en témoigne la rareté voire même l'extinction de certaines populations des régions où elles ont été déjà signalées (Trifi-Farah *et al.*, 2002).

2- *H. coronarium*: Présentation de l'espèce

H. coronarium est une espèce diploïde à nombre chromosomique de base n=8. Elle est préférentiellement allogame avec un faible degré d'autogamie d'environ 10% (Chriki *et al.*, 1984).

a- Répartition écologique

L'*H. coronarium* pousse spontanément essentiellement dans les régions du bassin méditerrannéen: Algérie, Egypte, Espagne, Italie, Malte, Maroc, Sardaigne, Sicile, Tunisie... (Quezel & Santa, 1962; Pottier-Alapetite, 1979, Trifi-Farah *et al.*, 2002). L'espèce se développe essentiellement sur des sols lourds argileux ou argilo-limoneux, plus rarement limono-sableux généralement bien drainés (Figier, 1982). En outre, comme pour toutes Légumineuses, les plantes de cette espèce permettent la protection des sols contre l'érosion améliorant leur structure et contribuent à leur enrichissement en azote assimilable grâce à leurs nombreuses nodosités racinaires (Figier, 1982).

En Tunisie, la répartition écologique de l'*H. coronarium* a été déterminée (Gounot, 1958). Ainsi, les populations d'*H. coronarium* sont localisées dans plusieurs sites naturels situés au Nord de la Dorsale, qui d'Ouest en Est, passe par Tajerouine, Makthar, Zaghouan et Enfidha, occupant ainsi tout le Tell.

b- Morphologie de la plante

H. coronarium possède un appareil végétatif aérien à axes dimorphes et un système racinaire assez développé (Combes *et al.*, 1975; Baatout *et al.*, 1976).

i- Le système racinaire

L'espèce a un système racinaire du type pivotant formé d'une racine principale pouvant atteindre des longueurs de plus de 2 m avec des racines latérales secondaires développées. Au niveau des racines, la présence de nombreuses nodosités fixatrices d'azote atmosphérique leur permet d'augmenter la fertilité du sol.

ii- Le système aérien

Sur la tige principale ou axe orthotrope, se développent des rameaux latéraux plagiotropes généralement rampants (Figier, 1982). On rencontre, chez cette espèce, différents types de morphologie: les plus répandues sont rampantes montrant un axe orthotrope très court; les autres érigées présentent un axe principal développé (Trifi-Farah *et al.*, 1989).

En plus de l'antagonisme entre les morphologies des axes, le dimorphisme des rameaux plagiotropes et orthotropes s'accompagne par une morphologie particulière des organes foliaires (Figier, 1982). En effet, l'axe orthotrope présente des feuilles composées imparipennées dont les folioles, excepté la terminale, sont régulièrement disposées par paires, de part et d'autre du rachis central. Ces feuilles sont qualifiées de symétriques. Par contre, sur les rameaux plagiotropes, les feuilles qui se distinguent des précédentes par leur asymétrie et l'existence d'une foliole solitaire à la base de leur rachis (Figure 1).

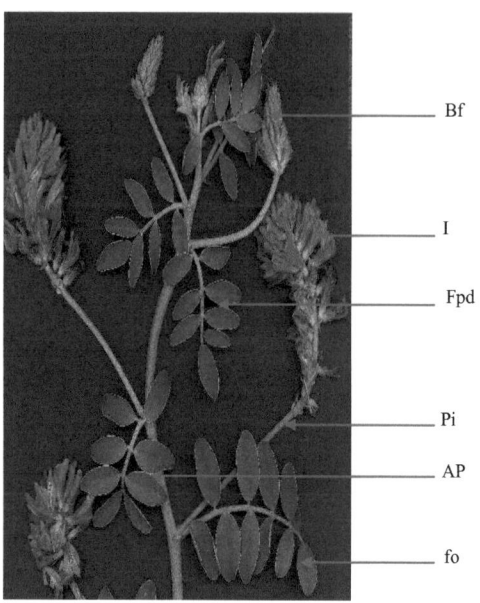
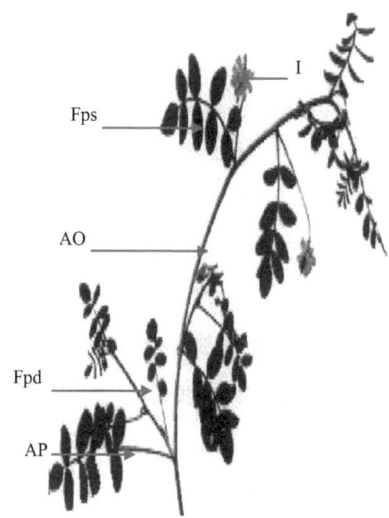

Figure 1: Photos d'un plant d'*Hedysarum coronarium*

Légende: AO: Axe orthotrope; AP: Axe plagiotrope; Bf: Bouton floral; fo: foliole; Fps: Feuille plurifoliée symétrique; Fpd: Feuille plurifoliée disymétrique; I: Inflorescence; Pi: Pédoncule inflorescentiel

Chez *H. coronarium*, la floraison commence à partir du mois de Mars et s'étale jusqu'au mois de Mai. Les inflorescences se présentent sous forme de grappes composées d'environ 20 fleurs hermaphrodites (Figure 2). Les fleurs sont de couleur pourpre violacée (parfois rosacée) (Chriki *et al.,* 1984; Chriki, 1986). Chez cette espèce, en conditions naturelles, la fécondation croisée est tributaire de la présence d'agents pollinisateurs notamment les abeilles et de la mise en place par la plante de structures attirant les pollinisateurs (pétales de couleur vive, sécrétion de nectar, une structure en plate-forme assurant l'atterrissage des insectes sur la fleur) (chriki, 1986).

Le fruit de *H. coronarium* est une gousse entourée à la base par le calice persistant. Il se termine par un article stérile et présente de forts étranglements entre les articles qui les constituent. Ces derniers, fortement comprimés, sont tapissés d'aiguillons courts. Les graines réniformes ou ovoïdes, lisses et luisantes, sont jaunes, mais peuvent être brunes (Figure 3).

c- Intérêt agronomique de l'*H. coronarium*

Toutes les espèces du genre *Hedysarum* présentent un intérêt agronomique puisqu'elles sont non seulement broutées dans leur site d'origine, mais elles contribuent à la production fourragère et mellifère ainsi qu'à la fertilité des sols. Parmi les espèces du genre, seule *H. coronarium* a fait l'objet de domestication et d'amélioration. De nombreuses études ont été réalisées sur cette plante essentiellement en Italie. Ainsi, les études de Panella (1956) traitent de l'amélioration génétique par "polycross" à partir de plants préalablement sélectionnés. Des études de variabilité destinées à créer de nouveaux cultivars ont été menées par Grimaldi (1961) et ont porté sur des caractères agronomiques (production de matière verte, de matière sèche, hauteur, nombre et diamètre des tiges, résistance au froid, à l'oïdium, précocité de floraison). La composition chimique et la valeur nutritive ont été également étudiées. Ces études révèlent des propriétés de *H. coronarium* très voisines de celles des autres légumineuses telles que le trèfle violet et la luzerne (Mayonne *et al.*, 1951; Cenni *et al.*, 1968; Ballatore, 1972).

La culture du Sulla est encore relativement peu répandue. C'est en Italie centro-méridionale et insulaire qu'elle est la mieux exploitée, avec 300 000 hectares environ (Restuccia, 1976, Krishna *et al.*, 1990; Bullita *et al.*, 2000).

Figure 2: Inflorescences d'un pied d'*H. coronarium* L.

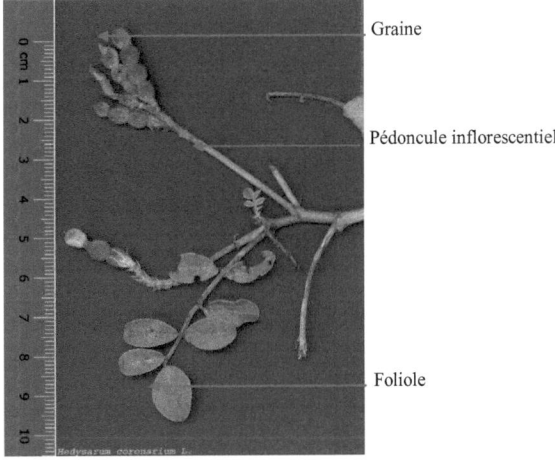

Figure 3: Gousses d'*H. coronarium* L.

Notons qu'à l'intérieur des îles maltaises, la culture du Sulla est tellement importante que les populations spontanées sont considérées comme plantes sub-spontanées du fait qu'elles sont caractérisées par une architecture érigée semblable à celle des cultivars (Bullita *et al.*, 1995). En revanche, sa culture est restreinte au Sud de l'Espagne (Trifi-Farah, 2002). Au Nord de la Tunisie, sa culture est limitée à quelques milliers d'hectares (régions de Mateur, Béja) (Trifi-Farah *et al.*, 1989). En effet, certains cultivars sélectionnés, d'origine italienne ont été introduits (essentiellement la variété Grimaldi). L'exploitation de cette culture porte aussi bien sur la production du fourrage ensilé et en affouragement en vert que sur la production de semences. Récemment, une variété locale améliorée nommée Békri 21 a été sélectionnée. Celle-ci est essentiellement caractérisée par sa tolérance au froid pour une production fourragère élevée qui dépasse celle des variétés cultivées (Zouaghi, 2001).

Par ailleurs, il est à signaler que les cultivars du Sulla sont sympatriques des formes spontanées suggérant des échanges géniques entre ces deux formes étant donné le mode de reproduction préférentiellement allogame (90 %) de l'espèce (Chriki, 1986; Marghali *et al.*, 2002).

d- Principaux travaux effectués sur *H. coronarium*

L'analyse de la variabilité génétique des populations spontanées appartenant à *H. coronarium* est importante dans le but d'une meilleure exploitation de ces formes spontanées. En effet, l'intérêt des espèces sauvages est l'accumulation dans leur fond génétique de potentialités adaptatives, tout en étant confrontées à la diversité des adversités biologiques et physiques (Pernes, 1983).

L'évaluation de cette diversité a été abordée par de multiples approches: analyse de la variabilité morphologique et du polymorphisme enzymatique ou moléculaire. Plusieurs travaux ont été menés chez cette espèce. L'analyse de la variabilité morphologique a montré une importante diversité au sein des différentes populations étudiées au niveau des caractères morphologiques (Figier, 1982; Chatti, 1987). Par ailleurs, les formes domestiquées s'avèrent caractérisées par un port érigé comparé aux populations spontanées (Trifi-Farah *et al.*, 1989). De plus, l'analyse du polymorphisme enzymatique a permis de révéler une importante variabilité génétique des formes spontanées et cultivées (Chatti, 1987; Trifi-Farah *et al.*, 1989). Ainsi, chez *H. coronarium*, dix systèmes enzymatiques analysés ont permis de générer 38 loci dont l'analyse a montré une importante variabilité au sein des populations de cette espèce. Néanmoins, cette étude enzymatique n'a pas permis de distinguer entre les formes cultivées et les formes spontanées. En effet, des flux de gènes sont favorisés par le mode de reproduction allogame de *H. coronarium* et peuvent ainsi intervenir entre les deux formes.

L'étude de la détermination de la pigmentation florale a permis de mettre en évidence l'existence de mutations qui ont été exploitées afin de préciser le régime de reproduction de l'espèce (Chriki, 1986).

Par ailleurs, l'analyse de l'ADN mitochondrial et chloroplastique ainsi que les marqueurs moléculaires RFLP (Restriction Fragment Length Polymorphism), impliquant des sondes ribosomales homologues, ont contribué à l'étude de la diversité moléculaire (Baatout *et al.*, 1985; Trifi-Farah *et al.*, 2002). Au sein de cette espèce, une diversité intra-spécifique considérable a été mise en évidence par les marqueurs moléculaires (Trifi-Farah *et al.*, 2002).

A la lumière de ces données, une analyse moléculaire de *H. coronarium* s'avère nécessaire dans le but d'approfondir l'étude de la diversité génétique au niveau moléculaire et de rechercher des marqueurs liés à des caractères agronomiques d'intérêts. De plus, la caractérisation moléculaire des différentes populations spontanées et cultivées ainsi que l'exploitation de leur empreinte génétique seraient profitables en vue d'une amélioration des formes spontanées.

3- Les populations de *H. coronarium* étudiées

Pour l'analyse de la diversité génétique, nous avons utilisé dix populations spontanées et deux cultivars appartenant à l'espèce *H. coronarium*. Ces accessions, couvrant une bonne partie de l'aire de répartition de l'espèce, sont représentées par des échantillons de graines récoltées lors des différentes prospections effectuées sur le territoire tunisien. Cette étude a porté sur 15 individus dans chacune des populations. Ainsi, nous avons utilisé les populations spontanées de Béja [Be], Bizerte [Bi], Dogga [Do], El Haouaria [Eh], Forêt Aïn Djemala [Fo], Jebel Zit [Zi], Kélibia [Ke], Makthar [Ma], Tunis [Tu] et Zaghouan [Za]. De même, deux cultivars d'origine italienne provenant de la région de Béja [*c*B] et de Mateur [*c*M] ont été également impliqués dans cette étude. La répartition géographique des différentes accessions étudiées est représentée dans la figure 4. Dans le tableau 1 figurent quelques caractéristiques de chaque population étudiée.

Tableau 1: Localisation des populations étudiées de l'espèce *H. coronarium* L. en Tunisie d'après Figier (1982)

CODE POPULATION	LOCALISATION GEOGRAPHIQUE	ETAGE ET VARIANTE BIOCLIMATIQUES
[Be]	Béja	Sub-humide, Hiver doux
[Bi]	Bizerte	Sub-humide, Hiver doux
[Do]	Dogga	Semi-aride supérieur, Hiver doux
[Eh]	El Haouaria	Sub-humide, Hiver chaud
[Fo]	Forêt Aïn Djemala	Semi-aride supérieur, Hiver doux
[Zi]	Jebel Zit	Semi-aride supérieur, Hiver doux
[Ke]	Kélibia	Sub-humide, Hiver chaud
[Ma]	Makthar	Semi-aride supérieur, Hiver frais d'altitude
[Tu]	Tunis	Semi-aride supérieur, Hiver doux
[Za]	Zaghouan	Semi-aride moyen, Hiver tempéré

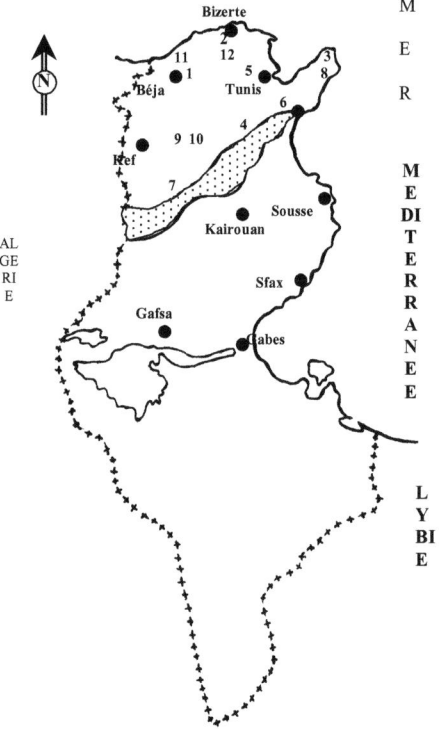

● : Principales villes
▫ : Dorsale tunisienne
Echelle: 1/2.000.000

Figure 4: Répartition des populations étudiées de l'*H. coronarium* en Tunisie

Sites prospectés: 1: Béja, 2: Bizerte, 3: El Haouaria, 4: Jebel Zit 5: Tunis, 6: Zaghouan, 7: Makthar, 8: Kélibia, 9: Dogga, 10: Forêt Aïn Djemala, 11: cv. Béja, 12: cv. Mateur

B- Méthodes utilisées
1- Méthodes utilisées pour l'analyse de la variabilité génétique

a- Germination des graines

Les graines sont décortiquées et scarifiées en vue d'éliminer l'inhibition tégumentaire. Après immersion dans de l'eau pendant 24h, elles sont mises à germer à température ambiante et à la lumière dans des boîtes de Pétri contenant du papier filtre imbibé d'eau. Durant les vingt-quatre heures qui suivent, on assiste à un éclatement des téguments et à une sortie de la radicule. En même temps, les cotylédons gonflent, ce qui provoque l'expulsion complète des téguments, accompagnée d'un étalement des cotylédons. Au bout de 4 jours, on obtient des germinations prêtes à l'utilisation pour en extraire l'ADN.

b- Les caractères morphologiques mesurés

L'analyse morphologique a été entreprise pour l'identification de marqueurs AFLP impliqués dans l'architecture de *H. coronarium*. Nous avons considéré 11 individus appartenant à 2 populations naturelles spontanées caractérisées par des ports architecturaux opposés originaires d'El Haouaria et d'Oued Zit ainsi qu'un cultivar de la région de Mateur choisi comme témoin. Ainsi, des plantes issues d'une génération d'autofécondation correspondant au cultivar (cM_{73} et cM_{75}), de la population d'El Haouaria (Eh_{30}, Eh_{42}, Eh_{63}, Eh_{73} et Eh_{76}) et de celle d'Oued Zit (Zi_{20}, Zi_{33}, Zi_{58} et Zi_{74}) feront l'objet d'une caractérisation morphologique et moléculaire par AFLP pour choisir les parents impliqués dans la création de matériel amélioré.

Six caractères quantitatifs liés au développement de la plante ont été considérés lorsque les individus sont en cours de floraison. Le choix de ces caractères est basé sur des études déjà réalisées (Baatout *et al.*, 1991; Chriki *et al.*, 1984; Figier, 1982; Trifi-Farah *et al.*, 1989). Il s'agit de:

- la longueur du plus grand rameau plagiotrope: LP
- le nombre de rameaux latéraux plagiotropes: NP
- la longueur de l'axe principal orthotrope: LO

- la longueur totale des axes aériens: LT

- le nombre maximum de fleurs par inflorescence: NF

- le nombre de folioles des 4 dernières feuilles de l'axe principal orthotrope: Nf

Notons qu'à l'exception de la composante NF relative au pouvoir de reproduction des plantes, tous les autres caractères permettent d'étudier le développement de l'appareil végétatif et leur incidence sur le rendement fourrager.

2- Analyses moléculaires

a- Préparation de l'ADN

La technique d'extraction des acides nucléiques a été réalisée d'une part sur des plantes au stade 3 feuilles pour caractériser les individus impliqués dans la cartographie et d'autre part sur des germinations pour les analyses AFLP et ISSR.

i- Extraction de l'ADN total

Les acides nucléiques sont extraits à partir de plantes en cours de développement (avec au moins 3 feuilles). Nous avons adopté le protocole mis au point par Dellaporta (1983) décrit comme suit:

Le matériel végétal (0,2 g de feuilles) est broyé en poudre fine dans un mortier contenant de l'azote liquide. Le broyat est repris dans 15 ml de tampon d'extraction. Après addition de 1 ml de SDS 10% et homogénéisation vigoureuse, l'ensemble est incubé pendant 10 min à 65°C. Après ajout de 5 ml d'acétate de potassium (5M, pH 8), la solution est gardée pendant 30 min dans de la glace pilée. Le mélange est ensuite centrifugé à 4°C pendant 20 min à 14 000 rpm; cette centrifugation permet d'éliminer sous forme de complexes insolubles avec le SDS une grande partie des protéines et des polysaccharides. La précipitation de l'ADN se fait pendant 10 min à température ambiante après addition au surnageant de 10 ml d'isopropanol. Après une centrifugation à

12 000 rpm pendant 15 min à 4°C, le précipité est repris dans 700 µl de tampon TE (50-10) (Annexe I). Le mélange est de nouveau centrifugé pendant 10 min à 8 000 rpm pour éliminer les débris restants.

Le contenu, transvasé dans des tubes eppendorfs (1,5 ml), est précipité pendant 30 min à -20°C en lui ajoutant 500 µl d'éthanol absolu et 75 µl d'acétate de sodium (3M, pH 8). Après une centrifugation à 13000 rpm pendant 10 min à 4°C, le précipité d'ADN est repris dans une solution de TE (10-1) (Annexe I).

ii- Extraction à partir d'une seule germination

Pour extraire de l'ADN cellulaire total à partir de petites quantités de matériel frais, nous avons utilisé une méthode dérivée de celle décrite par Dellaporta *et al.* (1983).

L'extraction de chaque germination se fait dans un tube eppendorf de 1,5 ml au moyen d'un broyeur (Heydolf). Le matériel végétal est broyé à froid dans 500 µl de tampon d'extraction. Après addition de 35 µl de SDS (20%), les tubes sont incubés pendant 10 min à 65°C. Après ajout de 130 µl d'acétate de potassium (5M, pH8) et incubation pendant 10 min dans de la glace, les mélanges sont centrifugés à 14 000 rpm durant 10 min à 4°C. Le surnageant additionné de 640 µl d'isopropanol, est par la suite maintenu à température ambiante pendant 10 min. L'ADN obtenu après centrifugation à 12 000 rpm à 4°C pendant 10 min est repris dans 200 µl de TE (10-1). 20 µl d'acétate de sodium (3M, pH 5,2) et 440 µl d'éthanol absolu sont ajoutés à la solution puis une centrifugation à 14000 rpm permet de récupérer le précipité d'ADN. Ce dernier est ensuite rincé à l'éthanol 70% puis repris dans 100 µl de TE (10-1).

iii- Traitement à la Ribonucléase

Pour éliminer l'ARN qui risque de gêner la réaction de digestion et/ou d'amplification, les échantillons d'ADN sont traités par 1 µl de ribonucléase (10 mg/ml) et incubation dans un bain marie pendant 1h 30 min à 37°C.

Concernant les minipréparations d'ADN, les échantillons sont portés pendant 10 min à 65°C pour inhiber l'action de la RNAase.

Pour les échantillons d'ADN extraits à partir de feuilles, trois traitements sont effectués à l'aide de phénol/chloroforme dans le but d'éliminer les protéines contaminantes y compris la RNAase. En effet, le phénol à pH 8, saturé en TE, est un excellent agent dénaturant des protéines et il permet de séparer efficacement les protéines et les acides nucléiques. Il est ensuite éliminé par l'extraction avec du chloroforme qui est non miscible à l'eau. Ces traitements se déroulent en 3 étapes successives :

- traitement au phénol saturé en TE
- traitement au phénol/chloroforme/alcool isoamylique (25/24/1).
- traitement au chloroforme/alcool isoamylique (24/1).

Pour tous les échantillons, l'ADN est finalement récupéré à la suite d'une précipitation pendant 30 min à -20°C après addition de deux volumes d'éthanol absolu et d'un dixième de volume d'acétate de sodium (3M pH 5,2). Il est ensuite centrifugé pendant 10 min à 14 000 rpm à 4°C. Le précipité d'ADN est par la suite lavé à l'éthanol 70%, séché et remis en suspension dans un volume adéquat de TE (10-1).

iv- Contrôle de la qualité et détermination de la concentration de l'ADN

Il est indispensable de vérifier la bonne qualité de l'ADN ainsi obtenu et de déterminer sa concentration. Toutes les préparations d'acides nucléiques ont été pour cela soumises à une électrophorèse analytique sur minigel d'agarose 0,8% coloré par une solution de bromure d'éthidium de concentration 1 µg/l (Sambrook *et al.*, 1989).

Les ADN sont visualisés sur une table UV et photographiés à l'aide d'une caméra Polaroïde (MP4). Cette analyse permet, par ailleurs, d'observer une éventuelle dégradation de l'ADN survenue au cours de l'extraction.

Par ailleurs, l'estimation de la concentration en acides nucléiques a été réalisée en utilisant le spectrophotomètre Gene-Quant (Pharmacia) qui nous permet de déterminer les paramètres suivants:

➢ la concentration en acides nucléiques à 260 nm (une unité de densité optique lui correspond une concentration de 50 µg/ml d'ADN).

➢ le degré de pureté est défini par le rapport DO_{260}/DO_{280} qui doit être compris entre 1,8 et 2.

➢ les mesures de densité optique à 230 et 320 nous permettent de vérifier la contamination par l'alcool et le phénol respectivement.

b- Le polymorphisme de longueur des fragments amplifiés (AFLP)

i- Principe

La technique AFLP (Amplified Fragment Length Polymorphism) permet d'étudier le polymorphisme de longueur des fragments amplifiés (Vos *et al.*, 1995) en combinant deux stratégies (Figure 5):

➢ les polymorphismes de longueur de fragments de restriction (RFLP) (Tanksley *et al.*, 1989; Jeffreys *et al.*, 1991).

➢ la réaction de polymérisation en chaîne (PCR) qui implique l'amplification *in vitro* de séquences d'ADN en utilisant des amorces spécifiques ou arbitraires

Cette technique est avantageuse puisqu'elle peut mettre en évidence un polymorphisme largement plus important que celui révélé par RFLP ou RAPD (Jin *et al.*, 1999).

En AFLP, l'ADN est d'abord digéré par deux endonucléases de restriction *Eco*RI et *Mse*I. Il est à noter que l'on peut utiliser d'autres combinaisons d'enzymes de restriction (*Hind*III, *Pst*I, *Bgl*I, *Xba*I, *Taq*I, etc…). Néanmoins, la plus commune d'entre elles est la combinaison *Eco*RI/*Mse*I. Ainsi, l'utilisation de l'enzyme *Taq*I qui reconnaît la séquence -TCGA- à la place de *Mse*I aboutirait à une distribution différente des fragments amplifiés. Cependant, la majorité des ADN eucaryotiques sont riches en -AT-, par conséquent l'enzyme *Mse*I engendrera plus de fragments de petite taille que l'enzyme *Taq*I.

En outre, la restriction de l'ADN cellulaire total à l'aide des deux enzymes *Eco*RI et *Mse*I génère trois classes de fragments de restriction dont les fragments *Eco*RI/*Eco*RI restent minoritaires. Les fragments MseI/MseI sont beaucoup plus nombreux que *Eco*RI/*Mse*I. Néanmoins, ces derniers seront ciblés lors de l'amplification grâce au choix des amorces.

Les extrémités des fragments de restriction générés sont ensuite liguées à des adaptateurs double brin. On utilise deux oligonucléotides (notés amorce E et amorce M) ayant la séquence complémentaire aux adaptateurs et aux sites de restriction adjacents dans le but d'amplifier les fragments de restriction. Cette amplification se déroule en deux étapes:

• une préamplification sélective dans laquelle un nucléotide sélectif arbitraire est additionné aux extrémités 3' des amorces (E+1, M+1).

• une amplification sélective avec l'addition de 3 nucléotides supplémentaires en 3' des amorces (E+3, M+3).

Les différentes combinaisons de nucléotides possibles permettent d'avoir différents profils d'amplification. La séparation des fragments amplifiés se fait par électrophorèse sur gel de polyacrylamide dénaturant. Les amplimères sont révélés au nitrate d'argent.

Le Kit AFLP Analysis System I (Life Technologies, Inc.) est utilisé avec de petites modifications.

Digestion de l'ADN avec les enzymes de restriction *Eco*RI+*Mse*I

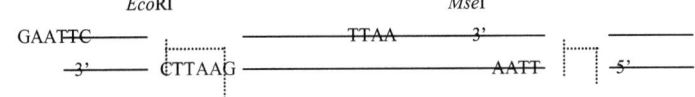

Libération de différents fragments avec des extrémités cohésives *Eco*RI et *Mse*I

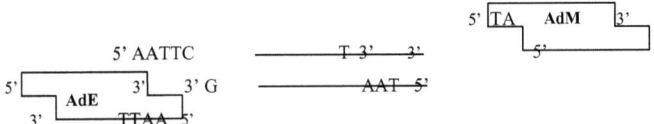

Ligation avec des adaptateurs *Eco*RI (**AdE**) et *Mse*I (**AdM**) de séquence connue

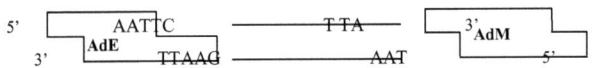

Préamplification sélective avec les amorces **E +1 et M +1**

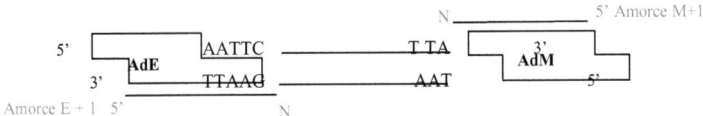

Amplification sélective avec **E+3 et M+3** des fragments cadrés par **AdM & AdE**

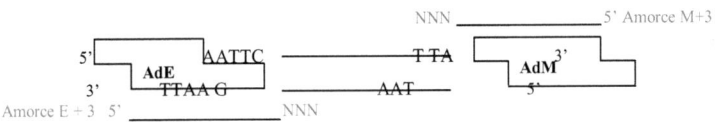

**Production de Fragments d'amplification séparés
par une électrophorèse sur gel de séquence**

Figure 5: Principe de la technique AFLP

Légende: AdE: Adaptateur lié à l'extrémité cohésive *Eco*RI.

AdM: Adaptateur lié à l'extrémité cohésive *Mse*I

N: nucléotide sélectif arbitraire

E +1: amorce *Eco*RI+N

M+1: amorce *Mse*I+N

E+3: amorce *Eco*RI+ NNN

M+3: amorce *Mse*I+NNN

ii- Digestion de l'ADN cellulaire total

L'ADN cellulaire total (250 ng) subit une double digestion à l'aide de deux enzymes de restriction: *Eco*RI qui présente un site de restriction de 6-pb et *Mse*I qui a un site de restriction de 4-pb.

Le mélange réactionnel contient:
- 250 ng d'ADN cellulaire total
- 5 µl de tampon ligase (5 x)
- 2 µl (1,25 U/µl) du mélange des enzymes *Eco*RI et *Mse*I
- H_2O QSP 25 µl

Après une mise au point, nous avons établi qu'il était pratique d'utiliser, dans le mélange réactionnel, le tampon de ligation 5 x à la place du tampon de digestion 10 x pour assurer une meilleure efficacité de la ligation. En effet, ce tampon ligase assure une digestion enzymatique complète et il permet de faciliter la ligation qui constitue l'étape suivante de l'AFLP.

La digestion est réalisée à 37°C pendant 4h. Le contrôle d'une digestion complète de l'ADN est essentiel pour le déroulement des étapes ultérieures de l'AFLP. Pour cela, les produits de digestion sont analysés sur un gel d'agarose de concentration 0,8%. L'expérience est répétée deux fois pour la reproductibilité des résultats au cours des différentes réactions ultérieures.

iii- Ligation des fragments

Après une inactivation des endonucléases de restriction par la chaleur (15 min à 65°C), les fragments de restriction sont ligués avec des adaptateurs (Tableau 2).

La ligation s'effectue dans un volume réactionnel de 50 µl de composition suivante:
- 25 µl du mélange réactionnel de la restriction de l'ADN cellulaire
- 24 µl du mélange contenant les adaptateurs *Eco*RI et *Mse*I
- 1 µl de T_4 DNA ligase (1 U/µl)

Après incubation à 16°C pendant 3h, le mélange est dilué au 1:10 comme suit: 10 µl du mélange réactionnel sont transférés dans un tube eppendorf auquel on ajoute 90 µl de tampon TE.

Tableau 2: Séquences des sites de restriction (le trait en pointillé indique le site de coupure de l'enzyme), des adaptateurs et des amorces (les bases sélectives sont en gras) utilisées pour l'AFLP chez *Hedysarum coronarium* (Marghali *et al.*, 2002)

Enzymes de restriction	*Eco*RI	*Mse*I
Sites de restriction	5'-G̲AATTC-3' 3'-CTTAAG̲-5'	5'-T̲TAA-3' 3'-AATT̲-5'
Adaptateurs	5'-CTCGTAGACTGCGTACG-3' 3'- CATCTGACGCATGCTTAA-5'	5'-GACGATGAGTCCTGAG-3' 3'- TACTCAGGACTCAT-5'
Amorces de pré-amplification	E$_{.A}$: 5'-GACTGCGTACCAATTCA-3'	M$_{.C}$: 5'-GATGAGTCCTGAGTAAC-3'
Amorces pour l'amplification sélective	E$_{.AGC}$: 5'-GACTGCGTACCAATTC**AGC**-3' E$_{.ACG}$: 5'-GACTGCGTACCAATTC**ACG**-3' E$_{.ACT}$: 5'-GACTGCGTACCAATTC**ACT**-3'	M$_{.CAA}$: 5'-GATGAGTCCTGAGTAGTAA**CAA**-3' M$_{.CTT}$: 5'-GATGAGTCCTGAGTAGTAA**CTT**-3' M$_{.CAG}$: 5'-GATGAGTCCTGAGTAGTAA**CAG**-3'

iv- Amplification des fragments de restriction

La polymérisation en chaîne (PCR) comporte plusieurs cycles successifs. Chaque cycle d'amplification comporte trois étapes:
- une étape de dénaturation de la matrice (94°C)
- une étape d'hybridation des amorces à la matrice (55-65°C)
- une étape d'élongation (72°C)

Cette méthode permet d'amplifier l'ADN compris entre les deux amorces d'un facteur de 10^5 à 10^6.

Dans le cadre de l'AFLP, les séquences correspondant respectivement aux sites de restriction *Eco*RI et *Mse*I liés aux adaptateurs serviront à synthétiser des amorces oligonucléotidiques complémentaires notées E et M. La PCR est réalisée en deux étapes successives:

➤ Réaction de préamplification

Dans une première réaction appelée préamplification, les fragments de restriction sont amplifiés avec les amorces E+1 et M+1, dont la séquence est prolongée du coté 3' par une base arbitraire sélective.

L'étape de préamplification se fait dans un volume réactionnel de 50,2 µl comprenant:
- 5 µl d'ADN digéré ligué et dilué
- 40 µl d'oligonucléotides de préamlification
- 5 µl de tampon *Taq* DNA polymérase (10 x)
- 0,2 µl de *Taq* DNA polymérase (5 U/µl) (QBiogène, France).

Afin d'éviter toute évaporation, une goutte d'huile minérale est déposée au dessus du mélange réactionnel.

L'amplification est réalisée dans un thermocycleur de type "Crocodile III" (QBiogène, France). Le programme PCR utilisé comporte les 20 cycles successifs, chacun comportant les étapes suivantes:

Dénaturation	Hybridation	Elongation
30"	1'	1'
94°C	56°C	72°C

Les produits PCR sont analysés sur un gel d'agarose à 1%.

➢ Amplification sélective

Une dilution au 1/20ème des produits de préamplification est effectuée dans un volume final de 150 µl (soit 7,5 µl de préamplifiats ajoutés à 142,5 µl de tampon TE).

Dans ce travail, 8 combinaisons d'amorces testées se basent sur l'addition de différents nucléotides sélectifs à l'extrémité 3' des amorces (Tableau 3).

Chaque réaction d'amplification sélective, utilisant une combinaison d'oligonucléotide donnée *E+3/M+3*, s'effectue dans un volume réactionnel de 50 µl de composition:

- 5 µl d'ADN préamplifié dilué
- 6 µl du mélange des deux amorces en l'occurrence :
    * 0,5 µl d'amorce *EcoR*I
    * 5,5 µl d'amorce *Mse*I accompagnée de dNTPs
- 8,85 µl de tampon *Taq* DNA polymérase (10 x)
- 0,2 µl de *Taq* DNA polymérase (5 U/µl)
- H$_2$O QSP 50 µl

Tableau 3: Combinaisons d'amorces AFLP testées pour amplifier sélectivement les fragments de restriction (E: *Eco*RI; M: *Mse*I)

AMORCES	ECORI	MSEI
E_{ACT}/M_{CAG}	$E._{ACT}$: 5'-GACTGCGTACCAATTC**ACT**-3'	$M._{CAG}$: 5'-GATGAGTCCTGAGTAGTAA**CAG**-3'
E_{ACG}/M_{CTT}	$E._{ACG}$: 5'-GACTGCGTACCAATTC**ACG**-3'	$M._{CTT}$: 5'-GATGAGTCCTGAGTAGTAA**CTT**-3'
E_{AGC}/M_{CAA}	$E._{AGC}$: 5'-GACTGCGTACCAATTC**AGC**-3'	$M._{CAA}$: 5'-GATGAGTCCTGAGTAGTAA**CAA**-3'
E_{AAG}/M_{CAA}	$E._{AAG}$: 5'-GACTGCGTACCAATTC**AAG**-3'	$M._{CAA}$: 5'-GATGAGTCCTGAGTAGTAA**CAA**-3'
E_{AAC}/M_{CAA}	$E._{AAC}$: 5'-GACTGCGTACCAATTC**AAC**-3'	$M._{CAA}$: 5'-GATGAGTCCTGAGTAGTAA**CAA**-3'
E_{AGG}/M_{CAA}	$E._{AGG}$: 5'-GACTGCGTACCAATTC**AGG**-3'	$M._{CAA}$: 5'-GATGAGTCCTGAGTAGTAA**CAA**-3'
E_{AAG}/M_{CAG}	$E._{AAG}$: 5'-GACTGCGTACCAATTC**AAG**-3'	$M._{CAG}$: 5'-GATGAGTCCTGAGTAGTAA**CAG**-3'
E_{ACG}/M_{CAG}	$E._{AGC}$: 5'-GACTGCGTACCAATTC**ACG**-3'	$M._{CAG}$: 5'-GATGAGTCCTGAGTAGTAA**CAG**-3'

La PCR sélective renferme les 37 cycles suivants:

	Dénaturation	*Hybridation*	*Elongation*
1 cycle	30" 94°C	30" 65°C	1' 72°C
13 cycles	30" 94°C	La température diminue de 0.7°C à chaque cycle	1' 72°C
23 cycles	30" 94°C	30" 56°C	1' 72°C

Les produits PCR sont dans une première étape analysés sur un gel d'agarose à 1,8% pour ensuite être déposés sur un gel de polyacrylamide dénaturant (PAGE) de concentration 6%.

v- Analyse des fragments amplifiés

L'analyse des fragments amplifiés est réalisée à l'aide d'une cuve d'électrophorèse pour gel de séquence (Bioblock).

❖ **Traitement des plaques**

Avant de couler le gel, les deux plaques qui servent de support sont traitées différemment:

▪ la petite plaque est traitée avec un produit collant ainsi préparé: 2 µl de Bind Silane (Sigma) sont mélangés à 1 ml d'une solution à 0,5% d'acide acétique glacial et 95% d'éthanol.

Un côté de la plaque est essuyé très délicatement à l'aide d'un papier imbibé de cette solution fraîchement préparée. Ensuite cette plaque est lavée 3 fois à l'éthanol 95% pour enlever l'excès de produit collant.

▪ La grande plaque subit un traitement à l'aide de 1 ml d'un produit glissant non collant le sigmacote (Sigma). Ainsi, 1 ml de sigmacote est appliqué sur toute la surface de la grande plaque.

Les deux plaques ainsi traitées sont assemblées à l'aide d'espaceurs d'épaisseur 0,4 mm placés de tous les côtés et des pinces sont utilisées pour fixer le dispositif.

❖ Préparation du gel de polyacrylamide dénaturant à 6%

Pour la préparation du gel, une solution d'acrylamide/bis-acrylamide 19/1 à 7,5 M d'urée est utilisée à une concentration de 6%. Cette solution est composée d'urée pour que la migration des produits d'amplification se déroule dans des conditions dénaturantes (Annexe II). Pour préparer chaque gel, le mélange d'un volume de 100 ml de solution d'acrylamide/bis-acrylamide à 6% et de 50 µl de TEMED et 750 µl d'ammonium persulfate à 10% permet d'engendrer la polymérisation. Après homogénéisation, le mélange est rapidement coulé entre les deux plaques de verre avant que se produise sa polymérisation et ce, en faisant attention à la formation de bulles.

Le gel est par la suite laissé toute une nuit à température ambiante recouvert de papier Saran, ce qui permet d'éviter le dessèchement de la surface du gel susceptible de provoquer une distorsion pendant la migration.

❖ Electrophorèse

Le gel est placé sur les bacs à électrodes contenant du TBE 1 x. Après polymérisation du gel, celui ci est préchauffé jusqu'à atteindre une température de 50°C en vue de maintenir les conditions dénaturantes. Pour le préchauffage et la migration des échantillons, le gel a été mis sous une tension de 1500 V et une puissance de 60 W.

Après le préchauffage du gel, l'urée déposée au fond des puits doit être relarguée à l'aide d'une seringue.

10 µl de produits PCR sont mélangés à 3 µl de bleu de séquence STR 6X (98% formamide, 10 mM EDTA pH 8, 1% xylène cyanol et 1% bromophénol). Après avoir été dénaturés à une température de 95°C pendant 3 min et refroidis

dans de la glace, les échantillons (3 µl) sont chargés au niveau du gel de polyacrylamide dénaturant à 6% (Maxam & Gilbert, 1980; Cho *et al*., 1996) du côté de la cathode. Le bleu de séquence permet de suivre la migration durant l'électrophorèse et par conséquent de visualiser son front.

La durée de migration est de deux heures jusqu'à la sortie du premier bleu (Bleu de Bromophénol)[1]. Une fois la migration terminée, les deux plaques sont décollées à l'aide d'une spatule. Le gel reste collé à la petite plaque qui sert de support pour la révélation au nitrate d'argent.

❖ **Révélation**

Pour permettre de visualiser les fragments d'ADN sur les gels de polyacrylamide dénaturants, nous avons utilisé la coloration à l'argent. Celle-ci est largement utilisée d'autant plus qu'elle est aussi sensible que le marquage radioactif (Goldman & Merril, 1982; Bassam *et al*., 1991; Chalhoub *et al*., 1997).

Dans une première étape, le gel est fixé dans une solution d'acide acétique à 10% pendant 20 min puis lavé 3 fois à l'eau ultra-pure pendant 2 min. La qualité de l'eau est extrêmement importante afin d'éviter toute contamination et d'obtenir ainsi une bonne révélation.

Ensuite, dans une seconde étape le gel subit un bain de nitrate d'argent durant 30 min. Il est ensuite placé dans un bain d'eau ultra-pure. La durée d'immersion du gel dans ce bain est critique. Elle varie selon les protocoles, mais ne doit pas dépasser les 20 secondes. Dans nos conditions expérimentales, nous avons plongé la plaque dans l'eau pendant 10 secondes.

La dernière étape consiste à plonger le gel dans un bain de révélation constitué essentiellement de sodium carbonate anhydre (Annexe III). C'est au cours de cette étape que les bandes vont se révéler. Lorsque toutes les bandes sont visibles (au bout de 5 min), elles sont par la suite fixées à l'acide acétique

---

[1] Dans un gel à 6%, le bleu de bromophénol migre approximativement à 25 bases.

10% pour arrêter la révélation. Le gel est finalement rincé abondamment et laissé sécher toute une nuit à température ambiante.

❖ **Photographie**

La photographie du gel est réalisée à l'aide d'un film APC Typon qui placé contre le gel, produit à la lumière blanche une image réelle de la plaque dans un fond blanc. Ce film comporte deux faces différentes: une face lisse et brillante et une face plus rugueuse et mâte. Deux facteurs doivent être considérés avant d'exposer le film à la lumière blanche:

➤ l'intensité de la lumière
➤ le fond du gel

Des essais sont réalisés dans le but de définir exactement le temps d'exposition du film à la lumière et le temps retenu a été de 150 secondes.

Dans une chambre noire, la couche mâte du film est appliquée contre le gel séché et par la suite elle est exposée directement à la lumière blanche pendant 150 secondes.

Le film est ensuite placé dans un bain de révélation et de fixation. Le film reproduit une image positive directe de ce qui a été révélé au niveau du gel.

c- L'Inter Simple Sequence Repeats (ISSR)

i- Principe

La technique ISSR ou Inter Simple Sequence Repeats permet l'amplification aléatoire des régions du génome cadrées par les séquences microsatellites caractérisées par un polymorphisme extrêmement élevé (Figure 6). Les amorces utilisées complémentaires aux microsatellites peuvent être soit simples: Microsatellite-Primed PCR (MP-PCR, Gupta *et al.*, 1994; Weising *et al.*, 1995) soit ancrées du côté 5' ou 3': Anchored Microsatellite-Primed (AM-PCR, Zietkiewicz *et al.*, 1994).

La technique ISSR présente de nombreux avantages:

- Elle ne nécessite pas une connaissance préalable des séquences flanquant les motifs microsatellites. En effet, l'élaboration de ces séquences constitue un travail lourd et coûteux.

- A la manière d'une RAPD, une seule amorce est utilisée lors des réactions PCR générant ainsi plusieurs amplimères de taille variable.

- Les produits d'amplification, séparés par électrophorèse, constituent des marqueurs moléculaires considérés comme des caractères présentant deux états présence/absence.

ii- Oligonucléotides utilisés

Les oligonucléotides utilisés au cours dette étude ont été synthétisés au Centre de Génétique Moléculaire du CNRS à Gif sur Yvette (France). Il s'agit d'amorces di-nucléotidiques non ancrées ainsi que des amorces di-nucléotidiques ancrées du côté 3' (Tableau 4). Il est à noter que le choix des amorces est basé sur les critères suivants:

- les amorces non ancrées sont définies selon les recommandations de travaux suggérant leur utilisation dans l'analyse de la diversité chez les angiospermes monocotylédones (Gupta et al., 1994).

- Néanmoins, les amorces ancrées du côté 3' ont été arbitrairement choisies sans aucune donnée bibliographique antérieure.

iii- Préparation des oligonucléotides

L'élution des oligonucléotides à partir de la membrane de nitrocellulose est faite selon les recommandations techniques du fournisseur CGM. Nous avons ainsi procédé à une immersion de la membrane dans 1 ml d'ammoniaque à 34% durant 90 minutes à température ambiante suivie par une incubation à 55°C pendant une nuit afin de décoller l'ADN de la membrane. L'ammoniaque est par la suite évaporée au speed vac. Le résidu obtenu est repris dans une solution contenant 400 µl d'eau, 40 d'acétate de sodium (3 M, pH8) et 1 ml d'éthanol absolu. Après une précipitation pendant une nuit à -20°C, suivie d'une centrifugation pendant 20 minutes à 13 000 rpm, le précipité obtenu contenant l'oligonucléotide est repris dans 200 µl d'eau stérile.

Tableau 4: Séquences et propriétés des différentes amorces ISSR testées

AMORCES	SEQUENCE (5'– 3') DES AMORCES ANCREES	TM THEORIQUE °C
$(AG)_{10}T$	AGAGAGAGAGAGAGAGAGAGT	62
$(AG)_{10}C$	AGAGAGAGAGAGAGAGAGAGC	64
$(AG)_{10}G$	AGAGAGAGAGAGAGAGAGAGG	64
$(CT)_{10}A$	CTCTCTCTCTCTCTCTCTCTA	62
$(CT)_{10}T$	CTCTCTCTCTCTCTCTCTCTT	62
CT(CCT)5	CTCCTCCTCCTCCTCCT	60
CT(ATCT)6	CTATCTATCTATCTATCTATCTATCT	60
Séquences des amorces non ancrées		
$(TG)_{10}$	TGTGTGTGTGTGTGTGTGTG	60
$(AG)_{10}$	AGAGAGAGAGAGAGAGAGAG	60

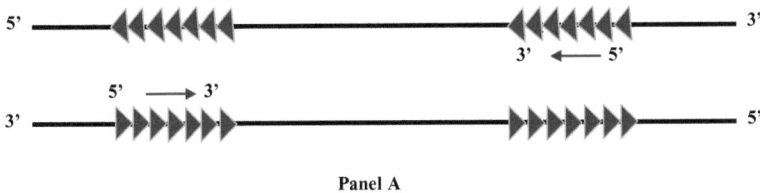

Panel A

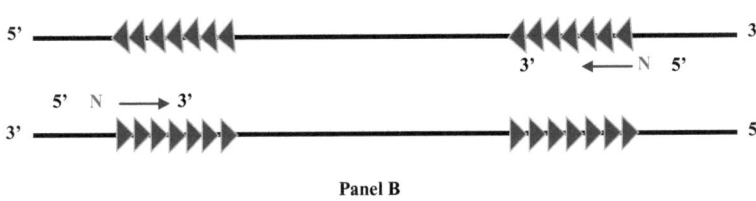

Panel B

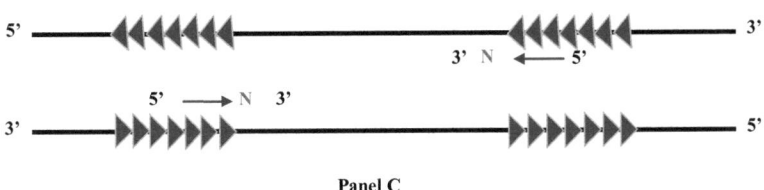

Panel C

Figure 6: Principe de la technique ISSR

Utilisation d'amorces ISSR non ancrées (Panel A), d'amorces ancrées du côté 5' (Panel B) et ancrées du côté 3' (Panel C)

Légende: N: nucléotide sélectif arbitraire;: séquence microsatellite di-, tri- ou tétra-nucléotidique

Réaction de polymérisation enzymatique en chaîne (PCR)

La PCR est réalisée dans un volume réactionnel total de 25 µl dont la composition est la suivante:

> 25 ng d'ADN matrice
> 60 pg d'oligonucléotide
> 200 µM de dNTPs (DNA polymerization mix, Pharmacia, France)
> 25 µl de tampon de la *Taq* DNA polymérase
> 1,5 U de *Taq* DNA polymérase (QBiogène; France)
> H_2O QSP 25 µl

Les tubes sont ensuite placés dans le thermocycleur (Crocodile III, QBiogène; France) programmé pour effectuer les cycles suivants:

- ✓ 5 min à 94°C
- ✓ 35 cycles comportant chacun:
  - ♣ 30 sec à 94°C
  - ♣ 90 sec à la température d'hybridation spécifique de chaque amorce (Tm°C) 90 sec à 72°C
- ✓ 5 min à 72°C pour une élongation finale programmée à la fin du dernier cycle d'amplification.

La reproductibilité des réactions d'amplifications est attestée en répétant deux fois chaque expérience et un mélange réactionnel préparé pour tous les échantillons est réparti dans les différents tubes. Par ailleurs, un témoin négatif est utilisé à chaque expérience d'amplification. Il est constitué de tous les composants du mélange réactionnel à l'exception de l'ADN matrice.

iv-   Analyse des produits d'amplification

Le volume réactionnel total des produits d'amplification (25 µl) est mélangé à une goutte de bleu de bromophénol. L'analyse des amplimères obtenus est réalisée par électrophorèse sur gel d'agarose à 1,5%. La migration est effectuée pendant 3 heures dans du tampon TBE 0,5 x à un voltage de 80 V et à une intensité constante de 40 mA. Les acides nucléiques sont par la suite détectés grâce à la fluorescence du complexe acides nucléiques-BET émise sous rayons UV à 254 nm. La taille des fragments amplifiés est estimée par comparaison avec un marqueur de taille (1Kb Ladder, Gibco BRL, France; QBiogène, France) déposé en même temps que les échantillons dans une piste réservée à cet effet.

3- Analyse statistique des données

Les résultats issus des études morphologiques et moléculaires (AFLP, ISSR) ont été soumis à divers outils d'analyse statistique. Chaque bande polymorphe ou marqueur moléculaire est considéré comme un caractère ayant deux états, présence ou absence, notés respectivement 1 ou 0. Ces résultats sont ainsi transformés en une matrice binaire des données qui sera utilisée au cours des différentes analyses statistiques envisagées en l'occurrence l'analyse en composantes principales (ACP), une analyse factorielle des correspondances (AFC), le calcul de l'indice de Shannon ainsi que l'estimation des distances génétiques et l'établissement de dendrogrammes.

a- Analyse en composantes principales (ACP)

Cette analyse a été décrite par plusieurs auteurs (Lebart *et al.*, 1977; Benzecri, 1973; Dufren *et al.*, 1991; Whitton & Bain, 1992). L'analyse en composantes principales (ACP) est très utile pour avoir une vision synthétique d'un échantillon. En effet, l'échantillon défini dans le repère des variables initiales va être projeté dans un repère sur de nouveaux axes (Tomassone *et al.*,

1993). L'ACP permet de définir à partir des variables de départ (marqueurs moléculaires) de nouvelles variables (axes) corrélées aux premières. Ces variables synthétiques et indépendantes (constituant chacune une combinaison linéaire de quelques variables de départ) sont les composantes principales. Ces dernières sont déterminées par un ensemble de valeurs propres indiquant la proportion d'information portée par les variables.

Un des intérêts de l'ACP est de réduire la dimension de la représentation de la matrice initiale des données, en conservant le plus petit nombre possible d'axes principaux. Les premiers axes de l'ACP montrent la disjonction maximale des individus provenant de populations distinctes dans le plan défini par ces composantes. Plus les points moyens représentent deux populations sont proches, plus la ressemblance entre ces dernières est importante.

b- Analyse factorielle des correspondances (AFC)

L'analyse factorielle des correspondances, dérivée de l'ACP, est une méthode appropriée pour la description de la variabilité (Boursiquot *et al.*, 1987). L'AFC est basé sur le calcul des distances χ^2 à partir de l'ensemble des données portant sur plusieurs individus (Jumbo, 1989). Ces données peuvent être représentées sur un espace à n dimensions. L'AFC aboutit ainsi comme l'ACP à réduire les dimensions de l'espace de représentation tout en utilisant le maximum de données informatives. Il est important de signaler que les dimensions de l'AFC ou axes n'explicitent pas la variabilité d'une manière semblable. Les dimensions de l'AFC permettent de définir la variabilité mais il n'existe aucune corrélation linéaire entre celles-ci.

Cette analyse multivariée permet de donner, en plus de l'ACP, une représentation graphique de la dispersion des variables. Elle a pour but de déterminer les variables qui interviennent dans la structuration des données et qui caractérisent les populations (ou espèces).

Les analyses multivariées (ACP et AFC) ont été effectuées à l'aide du programme Digital Equipement Corporation-Open VMS AXP (version 6,2) contenu dans le logiciel SAS "Statistical Analysis System" version 6,07 (SAS, 1990).

Ces analyses ont été réalisées au CIRIA-El Khawarezmi (Centre Inter Régional d'Informatique et d'Automatisme El-Khawarezmi) à la Faculté des Sciences de Tunis.

c- Calcul de la diversité génétique par l'indice de Shannon

La diversité intra- et inter-population est estimée par l'indice de diversité génétique de Shannon (H) (Lewontin, 1972; Lynn & Schaal, 1989; Bussel, 1999) qui est défini par la formule suivante:

$$H = -\sum_{i=1}^{k} p_i \log p_i$$

où p_i est la fréquence de la bande i dans une population, k est le nombre total de bandes.

d- Distances génétiques de Nei & Li

La matrice binaire des données basée sur les marqueurs moléculaires (AFLP, ISSR) est exploitée par le programme GENEDIST (version 3,572c) pour l'estimation des distances génétiques selon la formule de Nei & Li (1979).

e- Distances de Mahalanobis

Les distances phénotypiques de Mahalanobis D^2 situent plusieurs populations dans un espace à p dimensions (p étant le nombre de caractères considérés). Cette distance est calculée en tenant compte de la variabilité intra-population selon la formule suivante (Hebert & Vincourt, 1985):

$$D^2(i,j) = (X_i - X_j) W^{-1} (X_i - X_j)$$

X_i; X_j: valeurs de la variable X pour les individus i et j
W: matrice de variance-covariance intra-population

f- Etablissement de dendrogrammes selon la méthode de l'UPGMA (Unweighted Pair Group Method with Arithmetic Averaging)

Nous avons utilisé des programmes statistiques, contenus dans le logiciel PHYLIP (Phylogeny Interference Package), version 3,5c fourni par Felsenstein J. (Département de Génétique, Université de Washington, Seatle, USA), ainsi que le logiciel TREEVIEW (Win32) version 1.5.2 (Felsenstein, 1995).

Sur la base de la méthode de l'UPGMA (Unweighted Pair Group Method with Arithmetic Averaging), la matrice des distances génétiques est utilisée par le programme Neighbourg pour générer des arbres phylogénétiques sous forme de fichiers. Grâce au programme TREEVIEW, ces fichiers sont transformés sous forme de dendrogrammes représentant les distances génétiques correspondantes.

g- Test de Mantel

L'absence ou la présence de corrélation entre les matrices de distances génétiques de Nei & Li et de Mahalanobis est testée par le test de Mantel (Mantel, 1967). Celui-ci permet d'estimer la corrélation entre deux matrices de distances moyennant le programme TFPGA 1.3 (Miller, 1997), Dans le cas où il y a corrélation entre les deux matrices, le coefficient de corrélation (**r**) est statistiquement égal à zéro ($P<0,05$). Dans le cas contraire, l'hypothèse nulle est rejetée et l'absence de corrélation est vérifiée.

Page intentionnellement laissée vide.

Page intentionnellement laissée vide.

RESULTATS

L'analyse du polymorphisme chez le genre *Hedysarum* a déjà été entamée au travers de plusieurs marqueurs tels que les marqueurs morphologiques, iso-enzymatiques et moléculaires (RFLP). Néanmoins, ces différents marqueurs, aussi bien morphologique qu'enzymatique, sont relativement dépendants des conditions environnementales et ne peuvent révéler qu'une partie de la variabilité génétique. Dans ce contexte, l'essor connu par les marqueurs moléculaires très performants, constituent un complément précieux à la caractérisation morphologique (Karp *et al.*, 1997). Ainsi, les marqueurs moléculaires RFLP, impliquant des sondes ribosomales homologues, ont permis d'établir la phylogénie de six espèces du genre *Hedysarum* et d'analyser la diversité génétique intra- et inter-populations (Trifi-Farah & Marrakchi, 2001; Trifi-Farah & Marrakchi, 2002).

En ce qui concerne *H. coronarium*, les ressources génétiques que représentent les formes sauvages apparentées aux cultivars restent encore peu exploitées. Il est donc important d'estimer la diversité génétique des populations spontanées pour mieux conserver ces ressources génétiques et connaître la dynamique de cette diversité

Dans ce contexte, les techniques moléculaires tel que AFLP et ISSR offrent des outils de plus en plus puissants pour une meilleure appréciation du polymorphisme moléculaire.

Le présent travail vise non seulement l'exploration de la diversité génétique et le typage moléculaire des formes spontanées et cultivées, mais également la recherche de marqueurs moléculaires liés à des traits agronomiques tels que le développement du port des plantes. Une telle approche est certes importante pour la conservation, une meilleure gestion ainsi que la valorisation et l'amélioration assistée de cette espèce.

Dans ce travail, nous rapportons les résultats relatifs:

- à l'analyse du polymorphisme moléculaire intra- et inter-populations chez différentes populations spontanées et deux cultivars en utilisant la technique AFLP (Amplified Fragment Length Polymorphism).

- au développement de la technique ISSR (Inter Simple Sequence Repeat) chez les formes spontanées et cultivées.

- à l'analyse morphologique et moléculaire par AFLP pour la création de matériel recombinant et la recherche de loci impliqués dans l'architecture des plantes.

Chapitre III: Analyse de la diversité génétique par les marqueurs AFLP

Chapitre III
ANALYSE DE LA DIVERSITE GENETIQUE PAR LES MARQUEURS AFLP

Au cours de cette analyse, le développement de la technique AFLP a porté sur dix populations spontanées et deux cultivars de cette espèce. Il s'agit des populations spontanées provenant des régions de Béja [Be], Bizerte [Bi], Dogga [Do], El Haouaria [Eh], Forêt Aïn Djemala [Fo], Jebel Zit [Zi], Kélibia [Ke], Makthar [Ma], Tunis [Tu], Zaghouan [Za] et de deux cultivars de Béja [cB] et Mateur [cM]. L'ADN cellulaire total est extrait selon le protocole de Dellaporta *et al.* (1983) à partir de 15 germinations de chacune des populations étudiées.

A- Développement de la technique AFLP chez *Hedysarum*

Plusieurs facteurs tels que la quantité et la qualité d'ADN matrice, une digestion enzymatique complète ainsi que la concentration en amorces, interviennent dans la réussite de la technique AFLP. Ces facteurs ont été testés pour établir une stabilité et une reproductibilité de l'amplification maximales.

1. Dosage de l'ADN cellulaire total

Afin de pouvoir contrôler la qualité et la pureté des ADN extraits, des mesures de densité optique sont effectuées au spectrophotomètre Gene-Quant (Pharmacia). La bonne qualité des différents ADN extraits est évaluée par les rapports de densité optique à 260 et 280 nm qui dans tous les cas se situent entre 1,8 et 2.

La concentration d'ADN est estimée d'une part par la mesure de la densité optique [DO] à 260 nm et par l'analyse qualitative par électrophorèse sur gel d'agarose à 0,8% d'autre part. En effet, lorsque l'ADN à doser co-migre avec une gamme de concentrations connues de l'ADN du bactériophage Lamda, les résultats obtenus pour chaque échantillon d'ADN extrait montrent la présence d'une bande fine de haut poids moléculaire dépourvus d'ARN (Figure 7).

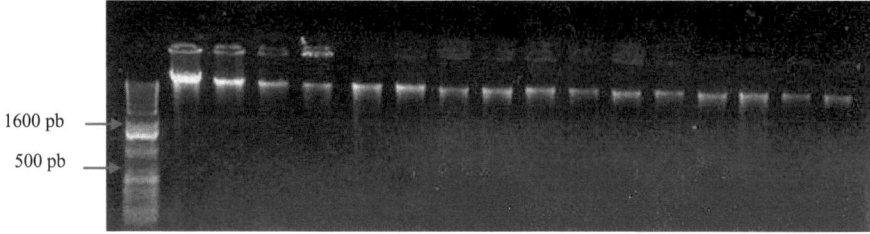

Figure 7: Electrophorèse sur gel d'agarose à 0,8% de l'ADN cellulaire total extrait selon le protocole de Dellaporta (1983) des populations de *H. coronarium*

Légende:

L: Marqueur de taille standard (Ladder 1kb, Gibco-BRL)

λ: Bactériophage Lambda (λ100 à λ12,5: Gamme de concentrations connues de 100 ng/µl à 12,5 ng/µl)

(1 à 12): ADN extraits à partir d'un individu de chaque population étudiée de *H. coronarium*

1: Béja [Be]

2: Bizerte [Bi]

3: Dogga [Do]

4: El Haouaria [Eh]

5: Forêt Aïn Djemala [Fo]

6: Jebel Zit [Zi]

7: Kélibia [Ke]

8: Makthar [Ma]

9: Tunis [Tu]

10: Zaghouan [Za]

11: cultivar Béja [*c*B]

12: cultivar Mateur [*c*M]

2. Digestion complète de l'ADN cellulaire total

Une mise au point est nécessaire pour vérifier une double digestion complète de l'ADN par les enzymes de restrictions *Eco*RI et *Mse*I. En effet, une restriction incomplète de l'ADN limite l'efficacité des amplifications ainsi que la reproductibilité des résultats en AFLP.

Après simple et double digestion enzymatique d'un échantillon d'ADN (100 ng) respectivement dans le tampon spécifique de chaque enzyme et dans un tampon 10x (double digestion), un *smear* qui représente l'ensemble des fragments d'ADN est révélé témoignant d'une restriction enzymatique totale essentielle pour l'AFLP (Figure 8). Pour chaque échantillon, 250 ng d'ADN total sont ensuite soumis à l'action simultanée des deux enzymes soit dans le tampon 10x approprié pour la double digestion soit dans le tampon ligase 5x. Les résultats révèlent une même efficacité de la double digestion dans les deux tampons. Cette mise au point permet non seulement de limiter les étapes de l'AFLP, mais également de donner plus de réussite à l'étape ultérieure de la ligation.

3. Choix des couples d'amorce

Le choix des amorces a été effectué en testant huit combinaisons d'amorces (E_{AAC}/M_{CAG}; E_{ACT}/M_{CAG}; E_{AGC}/M_{CAA}; E_{AGG}/M_{CAA}; E_{AAC}/M_{CAA}; E_{AGG}/M_{CAA}; E_{AAG}/M_{CAG}; E_{ACG}/M_{CTT}). Tous les couples d'amorce induisent des profils d'amplification de fragments de restriction chez les douze populations. Néanmoins, 3 combinaisons d'amorce (E_{ACG}/M_{CTT}, E_{AGC}/M_{CAA}, E_{ACT}/M_{CAG}) seront suffisantes à elles seules pour décrire le polymorphisme chez *H. coronarium* étant donné que le nombre de bandes révélées est considérable.

B- Analyse des profils AFLP

Les expériences faisant objet de ce travail, ont été réalisées sur 15 individus appartenant à chacune des douze populations prospectées au Nord de la Dorsale tunisienne.

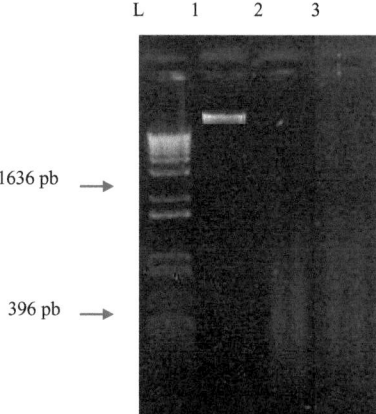

Figure 8: Electrophorèse sur gel d'agarose à 0,8% des produits de digestion de l'ADN cellulaire total de *H. coronarium* L.

Légende:

L : Marqueur de taille standard (Ladder 1kb, QBiogène, France)

1: ADN cellulaire total

2: Digestion simple de l'ADN par *Mse*I

3: Digestion double de l'ADN par *Eco*RI et *Mse*I

1. Restriction enzymatique de l'ADN total

Les fragments de restriction sont générés par deux enzymes de restriction *Eco*RI et *Mse*I, l'une à coupure rare (GAATTC) l'autre à coupure fréquente (TTAA), agissant simultanément. Tous les ADN analysés ont révélé une digestion totale essentielle pour les étapes suivantes (Figure 9). En effet, une restriction incomplète de l'ADN engendrerait des différences au niveau des empreintes génétiques, ce qui ne reflèterait pas le polymorphisme réel.

2. Ligation des fragments de restriction aux adaptateurs

La technique AFLP utilise des adaptateurs doubles brins liés à l'extrémité des fragments de restriction pour créer des sites d'hybridation des amorces pour une éventuelle amplification.

Les séquences des adaptateurs utilisés correspondant au Kit "Système d'Analyse par AFLP I" figurent dans le tableau 2.

Une vérification de la ligation n'est pas indispensable puisqu'en comparaison avec les profils de digestion, aucune différence ne peut être détectée sur gel d'agarose. En effet, les profils correspondant aux produits de ligation révèlent une traînée continue de fragments digérés et liés aux adaptateurs.

3. Amplification des fragments de restriction

a. Préamplification

Au cours de cette étape, les produits de digestion sont amplifiés à l'aide d'amorces ayant un nucléotide sélectif additionné à l'extrémité 3'-OH. La figure 10 illustre des exemples de profils de préamplification obtenus sur gel d'agarose à 1% des 12 individus appartenant à la population de El Haouaria et 12 individus de la population de Jebel Zit.

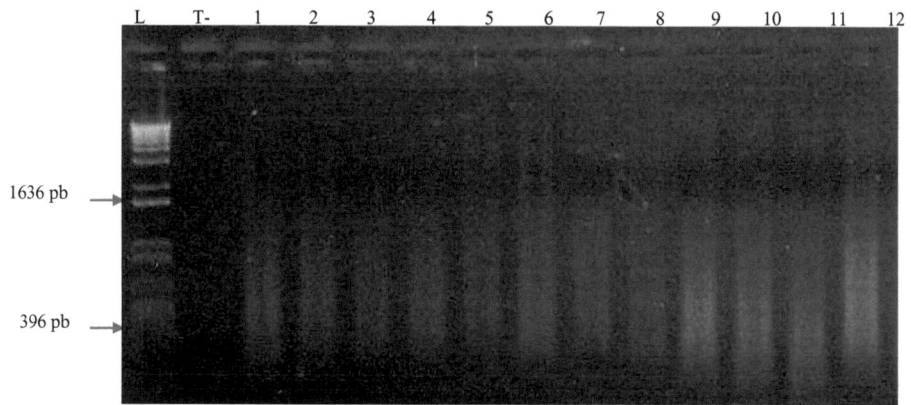

Figure 9: Electrophorèse sur gel d'agarose à 0,8% des produits de la double digestion par *Eco*RI / *Mse*I des ADN extraits à partir d'un individu de chaque population de *H. coronarium*

Légende:

L: Marqueur de taille standard (Ladder 1kb, QBiogène, France)

T-: Témoin négatif dépourvu d'ADN

1: Béja [Be]

2: Bizerte [Bi]

3: Dogga [Do]

4: El Haouaria [Eh]

5: Forêt Aïn Djemala [Fo]

6: Jebel Zit [Zi]

7: Kélibia [Ke]

8: Makthar [Ma]

9: Tunis [Tu]

10: Zaghouan [Za]

11: cultivar Béja [*c*B]

12: cultivar Mateur [*c*M]

b. Amplification sélective

L'amplification sélective des fragments de restriction est réalisée à l'aide de 3 couples d'amorce (E_{ACT}/M_{CAG}; E_{ACG}/M_{CTT}; E_{AGC}/M_{CAA}). Par conséquent, les produits PCR de la préamplification constituent une matrice à une nouvelle amplification qui utilise des amorces ayant trois nucléotides sélectifs additionnés du côté 3'. En présence des couples d'amorces utilisés, il en résulte une amplification préférentielle des fragments *Eco*RI-*Mse*I par rapport aux fragments *Mse*I-*Mse*I et *Eco*RI-*Eco*RI.

Les profils obtenus sont distincts selon les amorces testées ce qui témoigne de l'important polymorphisme généré par cette technique (Figure 11). Par ailleurs dans les smears, on distingue des bandes majoritaires correspondant à des séquences microsatellites.

Les produits PCR, issus de l'amplification sélective, sont séparés sur gel de polyacrylamide dénaturant (PAGE) coloré au nitrate d'argent. Les profils obtenus sont observés en présence d'un témoin positif correspondant au produit de l'amplification sélective d'un individu de la population spontanée Béja [Be]. La reproductibilité des résultats a été vérifiée en répétant les expériences dans des conditions identiques.

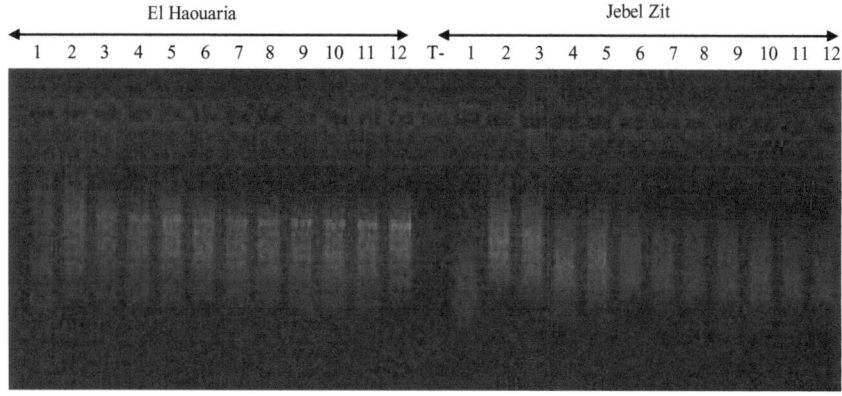

Figure 10: Produits de pré-amplification sur gel d'agarose à 1% des populations spontanées de El Haouaria [Eh] et Jebel Zit [Zi] de *H. coronarium*.

Légende:
T-: Témoin négatif dépourvu d'ADN
(1 à 12): Individus appartenant à la population de El Haouaria [Eh] et de Jebel Zit [Zit]

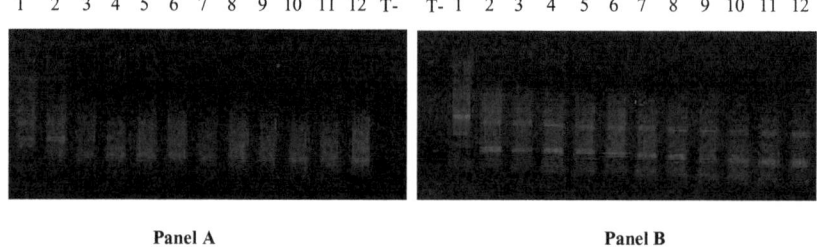

Panel A   Panel B

Figure 11: Produits d'amplification sélective sur gel d'agarose à 2% de la population de Jebel Zit [Zi] de *H. coronarium* à l'aide des couples d'amorce E_{ACT}/M_{CAG} (Panel A) et E_{AGC}/M_{CAA}) (Panel B).

Légende:
T-: Témoin négatif dépourvu d'ADN
(1 à 12): Individus appartenant à la population de Jebel Zit [Zit]

C- Analyse de la diversité génétique par les marqueurs AFLP

L'analyse de la diversité chez *H. coronarium* a été entreprise à l'échelle intra- et inter-populations. La figure 12 montre des exemples de profils AFLP obtenus en utilisant le couple d'amorce E_{AGC}/M_{CAA} pour les populations à ports opposés de El Haouaria et Jebel Zit.

1. Recensement des marqueurs AFLP

Une première approche de l'analyse de la variabilité génétique a consisté à estimer le nombre de bandes polymorphes d'après les bandes révélées sur gel de polyacrylamide dénaturant. A la lecture des gels, chaque bande polymorphe révélée est considérée comme un caractère ayant deux états: présence ou absence codée respectivement par les valeurs 1 ou 0.

Chez l'ensemble des individus analysés, deux cent sept bandes sont recensées dont la taille est comprise entre 40 et 600 pb. Parmi celles-ci, 178 se sont révélées polymorphes. Avec un taux de bandes polymorphes égal à 86% sur l'ensemble des accessions étudiées, les résultats témoignent de l'efficacité de la technique utilisée en terme de mise en évidence du polymorphisme moléculaire chez *H. coronarium*. Le nombre total de bandes polymorphes par amorce varie de 51 pour la combinaison E_{ACT}/M_{CAG} à 67 pour le couple E_{AGC}/M_{CAA}, avec une moyenne de 59 bandes polymorphes révélées par combinaison (Tableau 5). La combinaison E_{AGC}/M_{CAA} contribue ainsi au mieux dans la détection du polymorphisme.

Par ailleurs, selon le couple d'amorce utilisé, le génotypage des différentes populations a permis d'établir les empreintes génétiques caractéristiques de chaque population.

Afin d'analyser la structuration des populations, les données AFLP obtenues ont été soumises à différentes méthodes d'analyses statistiques.

Tableau 5: Marqueurs AFLPs générés pour les 12 populations spontanées et cultivées de l'*H. coronarium* en utilisant trois combinaisons d'amorces sélectives.

PBP: Pourcentage de bandes polymorphes

Amorces	Nombre de bandes AFLP		
	Total	Polymorphes	PBP (%)
E_{ACT}/M_{CAG}	65	51	78.5
E_{ACG}/M_{CTT}	70	60	85.7
E_{AGC}/M_{CAA}	72	67	93.0
Totaux	207	178	86,0

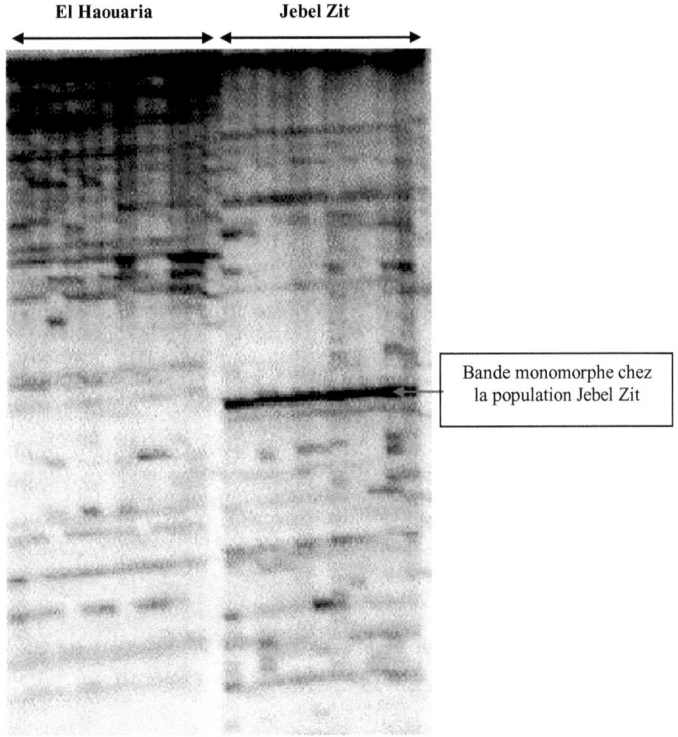

Figure 12: Marqueurs AFLP des populations spontanées de El Haouaria et Jebel Zit révélés sur gel de polyacrylamide dénaturant au nitrate d'argent après amplification sélective à l'aide du couple d'amorces E_{AGC}/M_{CAA}.

2. Analyse de la diversité intra-population

a. Fréquence des marqueurs AFLP

L'existence d'un polymorphisme considérable au sein de chaque population est mis en évidence par l'important pourcentage de bandes polymorphes (au moins 70%) et par l'obtention de profils distincts pour les différents individus d'une même population quelque soit le couple d'amorce utilisé (Tableau 6).

Notons que la variabilité observée entre les amplifications d'un même ADN à partir d'amorces distinctes est révélatrice de la puissance de la technique AFLP dans la détection du polymorphisme.

En outre, deux bandes (V_{33} et V_{134}) obtenues dans le cas des amorces E_{ACT}/M_{CAG} et E_{AGC}/M_{CAA} sont présentes uniquement chez les cultivars et seraient considérées comme des marqueurs moléculaires caractéristiques des formes cultivées.

b. Diversité génétique de Shannon

En tenant compte de l'ensemble des bandes polymorphes générées avec les trois couples d'amorce, l'analyse de la structure génétique des populations a été conduite en utilisant l'indice de Shannon. Sur la base des 178 bandes polymorphes générées à partir des 12 populations, la fréquence moyenne de chaque bande a été déterminée pour exprimer les indices de diversité génétique de Shannon (H) (Tableau 7). Les valeurs de la diversité au sein des populations varient de 6,9 pour la population de Béja à 19,3 pour la population de Tunis. Ces résultats suggèrent que la population de Béja [Be] présente une diversité génétique relativement restreinte entre les individus, alors que la population de Tunis semble être très variable.

Tableau 6: Variabilité génétique intra-population chez *H. coronarium* basée sur les marqueurs AFLP

PBP: Pourcentage de bandes polymorphes

Min / Max: Valeurs minimales / maximales

Accessions	Nombre de bandes			Distances génétiques de Nei & Li (1979)		
	Total	Polymorphes	PPB (%)	Min	Max	Moyenne
Beja [Be]	17	12	70,6%	0,000	0,498	0,249
Bizerte [Bi]	22	16	72,8%	0,039	0,688	0,363
El Haouaria [Eh]	20	17	85%	0,127	0,828	0,477
Jebel Zit [Zi]	39	30	76,9%	0,061	0,935	0,498
Tunis [Tu]	33	31	93,9%	0,158	0,998	0,709
Zaghouan [Za]	39	29	74,3%	0,000	0,976	0,488
Makthar [Ma]	24	19	79,2%	0,000	0,844	0,422
Kélibia [Ke]	24	18	75%	0,000	0,775	0,387
Dogga [Do]	29	26	89,7%	0,255	0,960	0,607
Forêt Aïn Djemala [Fo]	33	30	90,9%	0,184	0,995	0,589
cv. Beja [cB]	23	18	78,3%	0,000	0,761	0,380
cv. Mateur [cM]	19	15	78,9%	0,000	0,648	0,324

L'étude de la structure des populations de *H. coronarium* a révélé que l'essentiel de la variabilité se situe au niveau intra-population. En effet, la moyenne de la diversité intra-population Ho de 13,4 correspond à 68,3% de la diversité génétique totale (Hsp=19,6) représentant ainsi la majeure partie de la variabilité. Le régime de reproduction préférentiellement allogame de cette espèce est impliqué dans l'importante variabilité intra-population. Des résultats comparables ont été obtenus chez *H. coronarium* en utilisant des marqueurs iso-enzymatiques (Louati-Namouchi, 2001).

c. Distances génétiques de Nei & Li (1979)

Les distances génétiques de Nei & Li (1979) ont été établies entre quinze individus représentatifs de chacune des populations grâce à l'application du programme GENEDIST (version 3,572c). Les matrices des distances obtenues révèlent une diversité intra-population variable d'une population à l'autre. En effet, on remarque que la population spontanée de Béja est la moins polymorphe en présentant des distances génétiques variant de 0 à 0,498 (Tableau 6). A l'inverse, la population de Tunis s'avère la plus polymorphe puisqu'elle montre des valeurs de distances génétiques élevées pouvant atteindre 0,998 (Tableau 6). Par ailleurs, les résultats montrent un polymorphisme intermédiaire au sein des autres populations étudiées notamment les cultivars. En effet, les distances génétiques sont comprises entre 0 et 0,648 pour le cultivar de Mateur et entre 0 et 0,761 pour le cultivar de Béja. Les cultivars d'origine italienne présentent une diversification équivalente aux populations spontanées. Ces résultats confirment l'analyse de la diversité basée sur l'indice de Shannon.

d. Etablissement des dendrogrammes

A partir des matrices de distances génétiques obtenues précédemment, des dendrogrammes sont établis sur la base de la méthode UPGMA (Unweighted

Pair Group Method with Arithmetic Averaging) pour visualiser la variabilité à l'intérieur des populations. La figure 13 illustre des dendrogrammes obtenus pour les deux populations spontanées de Béja (panel A) et de Tunis (panel B) les plus divergentes en terme de variabilité. Les dendrogrammes établis pour les autres populations étudiées montrent des résultats similaires et figurent en annexe IV.

Les résultats obtenus témoignent de l'importante diversité génétique des populations étudiées. La population spontanée de Béja est caractérisée par la plus faible diversité génétique malgré la sympatrie des deux formes spontanées et cultivées ainsi que le mode de reproduction préférentiellement allogame de *H. coronarium*. D'ailleurs, les cultivars d'origine italienne, tout en conservant leurs caractères morphologiques bien fixés, ne se distinguent pas significativement des formes spontanées et ne semblent pas être appauvris en diversité génétique. Une variabilité importante est observée au sein de la population de Tunis qui serait cosmopolite. En effet, plusieurs essais impliquant différentes populations ont été réalisés depuis de nombreuses années dans cette région.

3. Analyse de la diversité inter-populations

Une variation dans le nombre de bandes polymorphes est observée entre les populations reflétant une diversité génétique à l'échelle inter-populations. En effet, celui-ci varie entre 12 concernant la population spontanée de Béja et 31 pour celle de Tunis (Tableau 6).

a. Diversité génétique de Shannon

La proportion de la diversité génétique attribuable à la différenciation des populations ($Gst=Hsp-Ho/Hsp$) varie de 30,3 à 32,6% selon le couple d'amorce utilisé avec une moyenne de 31,7% pour l'ensemble des loci (Tableau 7). Par conséquent, nous pouvons en déduire que la variabilité exprimée au niveau inter-populations représente une partie restreinte de la diversité révélée par cette étude et serait en faveur d'une base génétique assez homogène voire commune entre les différentes populations.

b. Distances génétiques entre les populations

La variabilité génétique entre les douze populations étudiées a été estimée à l'aide des distances de Nei & Li (1979). L'analyse de la matrice des distances génétiques obtenues montre que les distances génétiques entre les populations varient entre 0,096 et 0,961 (Tableau 8). Par ailleurs, la distance génétique la plus faible (0,096) est observée entre les deux cultivars; ces derniers présentent beaucoup de similitudes au niveau des séquences étudiées qui seraient liées à une origine commune. Néanmoins, les cultivars ne présentent pas de distances particulièrement élevées par rapport aux autres populations spontanées. Les formes cultivées ne se distinguent pas des spontanées au niveau moléculaire. La valeur la plus élevée (0,961) se situe entre les populations spontanées de El Haouaria [Eh] et Jebel Zit [Zi]. Il en résulte que ces deux populations sont les plus divergentes au niveau des séquences ciblées. Cette divergence corrobore avec les résultats basés sur les marqueurs morphologiques (Figier, 1982; Trifi-Farah et al., 1989). En effet, ces deux populations spontanées présentent des architectures opposées.

Tableau 8: Matrice des distances génétiques de Nei & Li (1979) entre les douze populations de *H. coronarium* basée sur les marqueurs AFLP.

Légende: **cM**: cultivar Mateur, **cB**: cultivar Béja, **Za**: Zaghouan, **Ma**: Makthar, **Ke**: Kélibia, **Be**: Béja, **Tu**: Tunis, **Eh**: El Haouaria, **Zi**: Jebel Zit, **Do**: Dogga, **Fo**: Forêt Aïn Djemala, **Bi**: Bizerte.

	cM	Za	cB	Ma	Ke	Be	Tu	Eh	Zi	Do	Fo	Bi
cM	0,000											
Za	0,734	0,000										
cB	**0,096**	0,629	0,000									
Ma	0,481	0,803	0,378	0,000								
Ke	0,487	0,242	0,488	0,749	0,000							
Be	0,142	0,124	0,136	0,298	0,140	0,000						
Tu	0,248	0,316	0,258	0,285	0,338	0,151	0,000					
Eh	0,748	0,723	0,836	0,798	0,590	0,484	0,134	0,000				
Zi	0,608	0,814	0,561	0,559	0,873	0,307	0,549	**0,961**	0,000			
Do	0,367	0,327	0,420	0,311	0,573	0,376	0,108	0,374	0,414	0,000		
Fo	0,567	0,277	0,572	0,494	0,274	0,489	0,111	0,528	0,613	0,118	0,000	
Bi	0,795	0,573	0,816	0,498	0,409	0,196	0,211	0,236	0,311	0,519	0,801	0,000

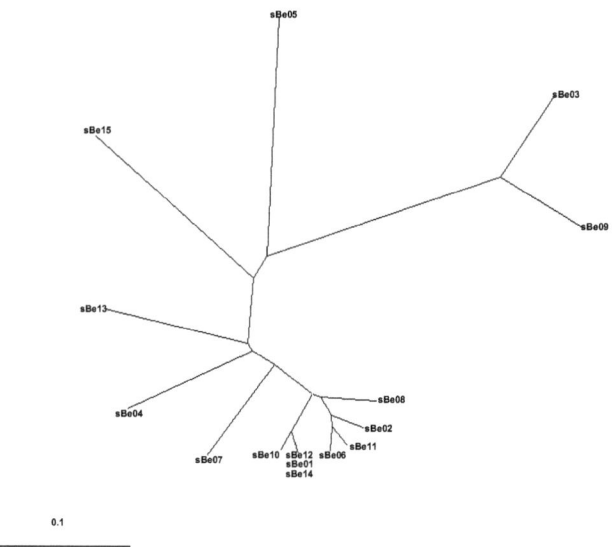

Panel A: Cas de la population spontanée de Béja

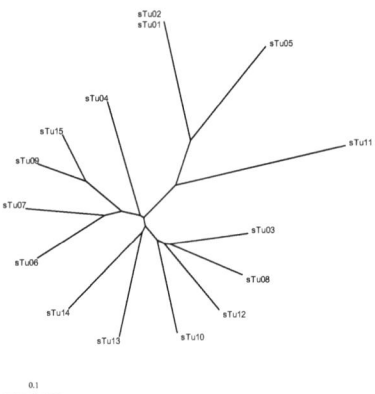

Panel B: Cas de la population spontanée de Tunis

Figure 13: Dendrogrammes intra-population établis à partir de la matrice des distances génétiques de Nei & Li et basés sur les marqueurs AFLP; le regroupement est effectué selon la méthode UPGMA

La longueur des branches correspond à l'échelle des distances génétiques.

c- Dendrogramme basé sur les distances de Nei & Li

Sur la base de la matrice des distances génétiques, un dendrogramme a été établi afin de schématiser les similitudes entre les populations (Figure 14). L'analyse de ce dendrogramme illustre la forte similitude au niveau de l'ADN des deux cultivars. Néanmoins, la topologie des regroupements ainsi obtenus ne traduit pas une particulière divergence des cultivars au niveau de l'ADN vis-à-vis des populations spontanées. D'ailleurs, la population spontanée de Jebel Zit s'avère la plus divergente. Etant donné le manque d'informations concernant la généalogie des deux cultivars, la similarité au niveau moléculaire peut être attribuée à leur origine commune (Cultivars Italiens introduits en Tunisie) (LeHouerou, 1969). Les variations entre les populations spontanées ne semblent pas liées à l'origine géographique ni à l'étage bioclimatique de celles-ci. En outre, le cultivar Béja [cB] ne semble pas présenter une similitude moléculaire remarquable avec la population spontanée de la même localité. Malgré l'allogamie de l'espèce et la sympatrie des deux formes cultivées et spontanées, les cultivars maintiennent leur divergence moléculaire au niveau des séquences étudiées.

4. Analyses multivariées

Pour déterminer la structuration des populations spontanées et cultivées, la matrice binaire des données obtenue par les marqueurs AFLP a été soumise à des analyses multivariées (ACP et AFC) grâce au programme SAS (1990).

a. Analyse en composantes principales (ACP)

En considérant les marqueurs AFLP au sein des 12 populations étudiées, les trois premiers axes de l'ACP absorbent 21,86% de la variabilité totale (Tableau 9). Des taux similaires sont généralement obtenus lorsqu'on s'adresse à des marqueurs moléculaires (Lalaoui-Kamel & Assali, 1997). Les résultats montrent que les deux premiers axes explicitent 15,71% de la variabilité totale.

La première composante absorbe 9,19% de l'inertie totale. Elle est définie positivement par les marqueurs V_3, V_{21}, V_{25}, V_{31}, V_{34}. Le deuxième axe exprime 6,52% de la variabilité totale. Il est défini positivement par les marqueurs V_{13}, V_{24}, V_{41} et négativement par V_{22}, V_{50}. Les variables qui ont permis de définir ces deux axes sont en majorité des marqueurs AFLP générés par la combinaison E_{ACT}/M_{CAG}. Cette dernière est donc importante dans le déterminisme de la variabilité génétique des populations étudiées.

Dans le plan défini par ces deux composantes, la projection des 180 individus appartenant aux 12 populations montre une distribution condensée des populations (Figure 15). Néanmoins, la dispersion des populations montre que la deuxième composante oppose les populations cultivées [cB, cM] et les populations spontanées à axe orthotrope développé [Ma, Zi] aux populations El Haouaria [Eh], Zaghouan [Za], Kélibia [Ke] et Bizerte [Bi]. Ces dernières étant dans l'ensemble rampantes, par conséquent, les marqueurs AFLP qui définissent la deuxième composante de l'ACP seraient liés à l'architecture de la plante.

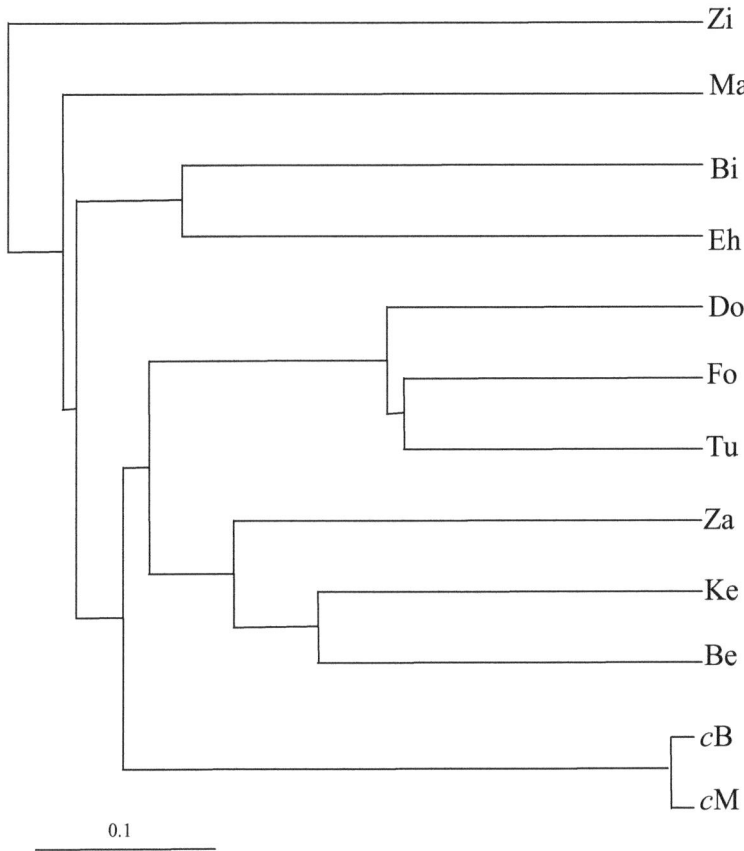

Figure 14: Dendrogramme des douze populations étudiées d'*Hedysarum coronarium* selon la méthode UPGMA sur la base de 178 marqueurs AFLP

Légende: [Be]: Béja, [Bi]: Bizerte, [Do]: Dogga, [Eh]: El Haouaria, [Fo]: Forêt Aïn Djemala, [Zi]: Jebel Zit, [Ke]: Kélibia, [Ma]: Makthar, [Tu]: Tunis, [Za]: Zaghouan, [*c*B]: cultivar Béja, [*c*M]: cultivar Mateur

Tableau 9: Définition des axes et absorption de l'inertie des composantes principales de l'ACP basée sur les marqueurs moléculaires AFLP chez *H. coronarium*

Légende: (+) et (-) correspondent respectivement à des corrélations positives et négatives

Axes principaux	Axe 1	Axe 2	Axe 3
% d'inertie	9.19	6.52	6.15
% cumulé	9.19	15.71	21.86
Marqueurs contribuant à la définition des axes de l'ACP	V_3 (+0.18)	V_{13} (+0.33)	V_6 (+0.33)
	V_{21} (+0.19)	V_{22} (-0.26)	V_8 (+0.35)
	V_{25} (+0,20)	V_{24} (+0.28)	
	V_{31} (+0.22)	V_{41} (+0.34)	
	V_{34} (+0.21)	V_{50} (-0.28)	

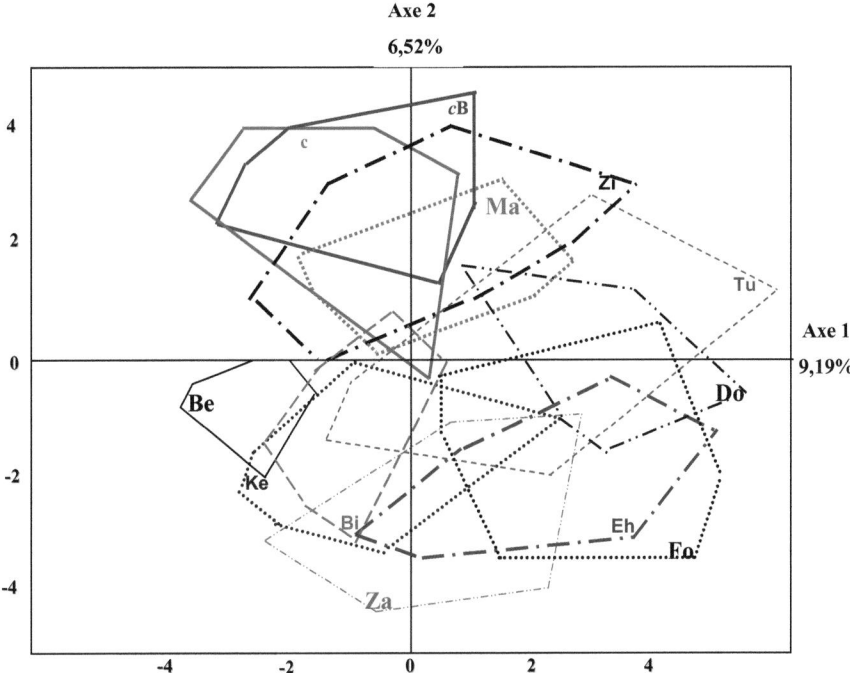

Figure 15: Dispersion des accessions dans le plan engendré par les deux premiers axes de l'analyse en composantes principales (ACP).

Légende:

— : cultivar Béja [cB]
— : cultivar Mateur [cM]
—··— : Jebel Zit [Zi]
·········· : Makthar [Ma]
------ : Tunis [Tu]
—··— : El Haouaria [Eh]

---- : Bizerte [Bi]
—··— : Zaghouan [Za]
·········· : Kélibia [Ke]
— : Béja [Be]
—··— : Dogga [Do]
·········· : Forêt Aïn Djemala [Fo]

Concernant la diversité exprimée entre les populations, on remarque que la population spontanée provenant de la région de Béja est assez distincte des autres populations spontanées et cultivées en présentant une diversité plus restreinte. Les formes cultivées et spontanées de la région de Béja ne semblent pas similaires au niveau des séquences analysées; cette distinction serait liée à la domestication des cultivars d'origine italienne dont les caractéristiques restent bien fixées malgré la sympatrie et l'allogamie. L'accession de Tunis [Tu] montre une distribution élargie confirmant la particularité de cette population cosmopolite.

Des résultats similaires émanent de la dispersion des populations dans le plan des axes 2-3 et 1-3 en particulier la forte homologie des deux cultivars ainsi que la distinction des formes cultivées et spontanées (Annexe V).

b. Analyse factorielle des correspondances (AFC)

Les résultats de cette analyse montrent que les trois premiers axes représentent 21.81% de la variabilité totale (Tableau 10). L'axe 1 explicite 8% de l'inertie totale. L'axe 1 est défini positivement par les marqueurs AFLP V_{38}, V_{105}, V_{124} et négativement par les variables V_{13}, V_{24}, V_{41}. Concernant la deuxième dimension, elle absorbe 7,19% de la variabilité et est définie positivement par les variables V_3, V_{26}, V_{146} et négativement par le marqueur V_{128}. Le troisième axe qui explicite 6,62% de l'inertie totale est défini positivement par les variables, V_{47}, V_{99}, V_{101}, V_{121} et négativement par V_2.

Le plan factoriel (1-2) engendré par les deux premiers axes permet d'illustrer la répartition des individus appartenant aux douze populations étudiées ainsi que des marqueurs AFLP (Figure 16). La représentation

Tableau 10: Définition des axes et absorption de l'inertie de l'analyse factorielle des correspondances (AFC) basée sur les marqueurs moléculaires AFLP chez *H. coronarium*

Légende: (+) et (-) correspondent respectivement à des corrélations positives et négatives

Axes principaux	Axe 1	Axe 2	Axe 3
% d'inertie	8,00	7,19	6,62
% cumulé	8,00	15,19	21,81
Marqueurs contribuant à la définition des axes de l'AFC	V13 (-0,79) V24 (-0,92) V38 (+0,89) V41 (-0,99) V105 (+0,74) V124 (+086)	V3 (+0,49) V26 (+0,80) V128 (-0,92) V146 (+0,73)	V2 (-0,71) V47 (+0,80) V99 (+0,78) V101 (+0,82) V121 (+0,86)

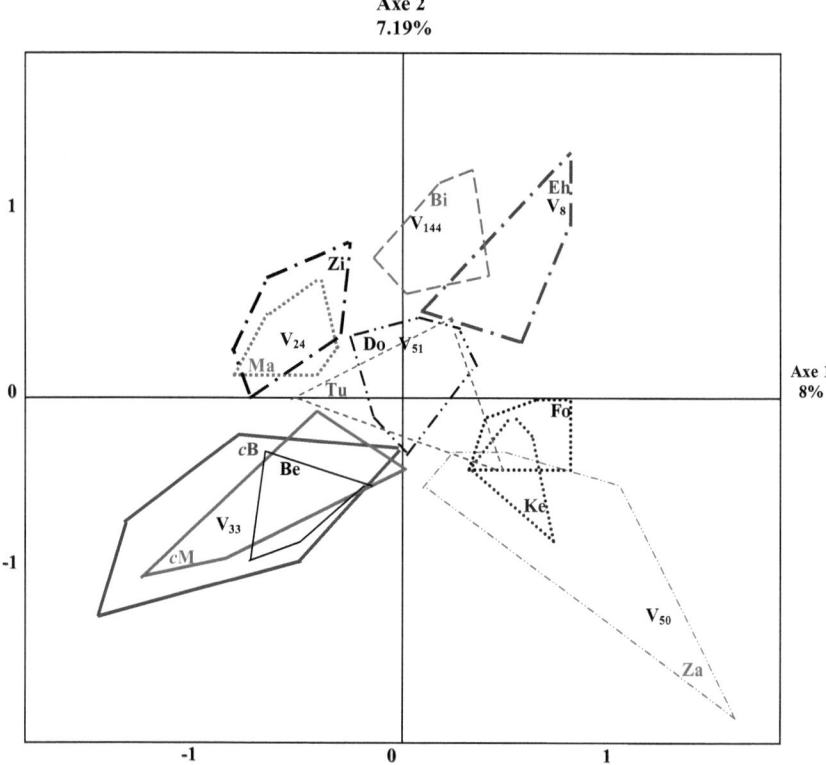

Figure 16: Dispersion des populations dans le plan 1-2 de l'analyse factorielle des correspondances (AFC).

Légende:

— : cultivar Béja [cB]
— : cultivar Mateur [cM]
—·· : Jebel Zit [Zi]
········ : Makthar [Ma]
------ : Tunis [Tu]
—·· : El Haouaria [Eh]

--- : Bizerte [Bi]
—·- : Zaghouan [Za]
········ : Kélibia [Ke]
— : Béja [Be]
—··— : Dogga [Do]
········ : Forêt Aïn Djemala [Fo]

graphique illustre les regroupements de populations qui permet de distinguer de façon remarquable certains groupes. Ainsi, il est à noter que les formes cultivées [cB] et [cM] et spontanées Makthar [Ma] et Jebel Zit [Zi] ayant une architecture érigée sont situées du côté négatif de l'axe 1 par opposition aux autres populations spontanées en l'occurrence El Haouaria [Eh], Zaghouan [Za], Kélibia [Ke] et Forêt Aïn Djemala [Fo]. Par ailleurs, les deux cultivars semblent présenter une grande similitude moléculaire probablement due à une origine commune. La population spontanée de Béja est toujours caractérisée par une distribution restreinte; néanmoins elle présente un chevauchement avec les cultivars ce qui traduirait des échanges géniques entre les deux formes.

De plus, l'analyse du plan défini par les deux premiers axes de l'AFC permet de définir des marqueurs AFLP caractéristiques de chacune des accessions étudiées. En effet, la variable V_{33} semble être un marqueur moléculaire des formes cultivées. D'ailleurs ce résultat est confirmé par la présence de cette bande uniquement chez les cultivars. Les populations spontanées de Makthar [Ma] et Jebel Zit [Zi] à port érigé sont caractérisées par le marqueur V_{24}. Ces deux marqueurs V_{24} et V_{33} sont ainsi considérés comme étant corrélés au développement de l'axe orthotrope des plantes. En revanche, la population El Haouaria [Eh] est caractérisée par la variable AFLP V_8. Cette dernière est donc corrélée au port rampant.

Notons que les populations spontanées à port opposé Jebel Zit [Zi] et El Haouaria [Eh] sont caractérisées respectivement par les variables (V_{24} et V_8). Ces marqueurs AFLP corrélés à l'architecture des plantes pourraient être intégrés dans des programmes d'amélioration assistée par marquage moléculaire de cette espèce.

Des résultats similaires sont généralement observés au niveau de la représentation graphique de la répartition des accessions étudiées dans le plan des axes 2-3 et 1-3 (Annexe VI).

5. Conclusions

L'analyse moléculaire par AFLP de 180 individus, représentant dix populations spontanées et deux cultivées de *H. coronarium*, a permis de recenser un total de 207 bandes dont 178 se sont révélées polymorphes. L'importante diversité intra- et inter-populations de toutes les populations spontanées et cultivées étudiées est révélatrice d'un potentiel génétique important susceptible de permettre une meilleure exploitation agronomique de *H. coronarium*. En effet, les résultats témoignent d'un pourcentage considérable de marqueurs AFLP polymorphes (86%) sur l'ensemble des accessions étudiées.

Concernant les deux cultivars d'origine italienne, tout en conservant leurs caractères morphologiques bien fixés, ne se distinguent pas significativement des formes spontanées et ne semblent pas être appauvris en diversité génétique. De plus, l'importante similitude observée entre les deux cultivars au niveau des séquences analysées serait liée à une origine commune. Le manque d'informations quant à leur généalogie ne permet pas d'estimer l'effet de la domestication. Par ailleurs, la population spontanée de Béja ne révèle pas de similitude remarquable avec le cultivar de la même région et présente la diversité la plus restreinte par rapport aux autres populations spontanées. Il semble que malgré la sympatrie et les échanges géniques entre formes spontanée et cultivée étant donné l'allogamie préférentielle de l'espèce, les cultivars restent bien individualisés.

Les populations spontanées provenant des régions de Jebel Zit et Makthar caractérisées par un axe orthotrope bien développé montrent un rapprochement moléculaire intéressant avec les cultivars et constituent des génotypes performants pouvant être exploités dans un programme visant l'amélioration des populations spontanées. Les deux populations spontanées de El Haouaria [Eh] et Jebel Zit [Zi] se montrent les plus divergentes au niveau de leur ADN.

Cette divergence est en accord avec les résultats basés sur les marqueurs morphologiques (Figier, 1982; Trifi-Farah *et al.*, 1989). En effet, ces deux populations spontanées présentent des architectures opposées.

En outre, étant donné que la population de Tunis se montre la plus polymorphe, elle serait cosmopolite du fait de la réalisation de nombreux essais impliquant différentes accessions depuis plusieurs années dans cette région (Campus Universitaire).

L'ensemble des travaux entrepris a permis de mettre en évidence plusieurs marqueurs moléculaires AFLP qui semblent être liés au géotropisme de la plante et susceptibles d'être exploités lors de programmes d'amélioration assistée. Il s'agit des marqueurs V_{24}, V_8, V_{13}, V_{22}, V_{41} et V_{50} ainsi que des variables V_{33} et V_{134} caractéristiques des cultivars.

Chapitre IV: Analyse de la variabilité génétique par les marqueurs ISSR

Chapitre IV
ANALYSE DE LA VARIABILITE GENETIQUE PAR LES MARQUEURS ISSR

Tenant compte de la grande diversité offerte par les marqueurs ISSR (Inter Simple Sequence Repeats), nous nous sommes proposés d'étudier et de préciser la diversité génétique de *H. coronarium* en nous adressant à d'autres régions du génome nucléaire.

En effet, la technique ISSR permet de générer des marqueurs moléculaires caractérisés par un polymorphisme élevé afin d'explorer et d'évaluer la variabilité génétique (Winter & Kahl, 1995). Pour chacune des réactions d'amplification, il s'agit d'utiliser une seule amorce qui est complémentaire à une séquence microsatellite amplifiant de façon aléatoire diverses régions du génome. Les marqueurs ISSR sont exploités non seulement pour l'analyse de la diversité génétique et l'établissement de relations phylogéniques mais également dans de nombreux programmes d'amélioration pour l'identification de génotypes, la détermination de pureté hybride ou la sélection de gènes d'intérêt (Roder *et al.*, 1995; Lu *et al.*, 1996; Smith *et al.*, 1997; Kojima *et al.*, 1998; Blair *et al.*, 1999; Ghariani *et al.* 2003).

Dans le cas de *H. coronarium*, la technique ISSR a été entreprise pour estimer la diversité génétique à l'échelle inter-populations. En effet, l'ADN d'un individu représentant chacune des 12 populations étudiées va servir de matrice pour les amplifications par les différentes amorces ISSR.

A- Application de la technique ISSR chez *H. coronarium*

Pour l'adaptation de cette technique chez *H. coronarium*, certains paramètres ont fait l'objet d'une mise au point pour assurer un maximum de reproductibilité et de stabilité des amplifiats. Deux paramètres ont été testés afin de déterminer les conditions optimales de l'amplification. Il s'agit de la quantité d'ADN cellulaire total extrait ainsi que la température d'hybridation.

Concernant la concentration d'ADN à amplifier testée, dans l'ensemble, les résultats obtenus révèlent une amplification optimale pour une quantité d'ADN de 25 ng. Les différents échantillons d'ADN étudiés sont ainsi quantifiés par DO puis par électrophorèse sur gel d'agarose à 0,8% en présence d'une gamme étalon d'un témoin (bactériophage lambda) de concentration connue.

Neuf amorces ont été testées en se basant sur les Tm théoriques. Au total, cinq amorces ont révélé une variabilité entre les accessions étudiées et ont été retenues au cours de cette étude (Tableau 11). En effet, trois oligonucléotides n'ont généré aucune amplification. Il s'agit essentiellement des amorces dinucléotidiques non ancrées et ancrées du côté 5' (cas des amorces $(TG)_{10}$, $CT(CCT)_5$, $CT(ATCT)_6$). Dans le cas de l'amorce $(CT)_{10}T$, les profils ISSR engendrés constituent un smear.

Pour les cinq oligonucléotides retenus, les profils d'amplification chez *H. coronarium* sont obtenus après une variation de la Tm théorique Les Tm optimales ainsi définies figurent dans le Tableau 11.

Tableau 11: Amplimères ISSR générés par les amorces testées chez les populations de *H. coronarium*

Séquence des amorces	Tm °C		Nombre de bandes		
	Théorique	Optimale	Total	Polymorphes	%
(AG)10C	64	60	17	17	100
(AG)10T	62	57	7	7	100
(AG)10G	64	60	25	25	100
(CT)10A	62	57	12	12	100
(CT)10T	62	-	smear	-	-
CT(CCT)5	60	-	Absence	-	-
CT(ATCT)6	60	-	Absence	-	-
(AG)10	60	57	18	18	100
(TG)10	60	-	Absence	-	-

B- Analyse des profils ISSR

Cinq amorces se sont révélées efficaces dans l'analyse du polymorphisme chez *H. coronarium*. En effet, des profils interprétables sont observés et se sont avérés puissants dans la détection de la variabilité de l'ADN chez cette espèce. L'analyse des profils d'amplification a permis de recenser soixante dix neuf bandes chez les différentes accessions analysées. Avec un taux de bandes polymorphes égal à 100% sur l'ensemble des accessions, une importante diversité génétique est révélée. Les produits d'amplification dépendent de l'amorce utilisée. En effet, le nombre total de bandes polymorphes par amorce varie de 7 à 25 respectivement pour les amorces $(AG)_{10}T$ et $(AG)_{10}G$ avec une moyenne de 15,8 bandes par amorce utilisée (Tableau 11). La figure 17 illustre des exemples de profils obtenus avec les différentes populations à l'aide de ces deux amorces.

Le polymorphisme visualisé entre les amplifications d'un même échantillon d'ADN à l'aide d'amorces distinctes révèle la puissance de la technique ISSR dans la révélation du polymorphisme. En effet, une variation infime des séquences des amorces (modification d'un nucléotide à l'intérieur de la séquence microsatellite ou au niveau du nucléotide ancré) provoque l'établissement d'empreintes génétiques différentes. De plus, en utilisant une amorce bien déterminée, le polymorphisme révélé est important entre les populations étudiées (Figure 18).

La variation de taille des fragments obtenus s'explique d'une part par des différences au niveau de la séquence entre les sites d'hybridation des amorces et d'autre part par des différences au niveau des séquences microsatellites entre les différentes populations.

C- Etude de la variabilité génétique par les marqueurs ISSR

Les bandes ISSR observées entre les différentes populations par les cinq amorces ont été assimilées à des marqueurs moléculaires en attribuant respectivement 1 et 0 pour la présence et l'absence. A partir de la matrice des données, les distances génétiques inter-populations ont été estimées, grâce à la formule de Nei & Li (1979). La matrice des distances génétiques a permis de schématiser le dendrogramme impliquant les formes cultivées et spontanées.

1- Distances génétiques entre les populations

Les distances génétiques entre les populations varient de 0,074 et 0,869; ce qui témoigne d'une importante diversité génétique révélée entre les populations spontanées et cultivées étudiées (Tableau 12). La distance génétique la plus faible se situe entre les deux cultivars [cB] et [cM], ce qui confirme l'analyse basée sur les marqueurs AFLP. Les cultivars semblent ainsi présenter le maximum de similitudes au niveau de l'ADN. Les distances génétiques entre les cultivars et chacune des populations spontanées montrent les plus faibles valeurs avec la population spontanée [Zi]: 0,401 pour [cM] et 0,385 pour [cB]. Ce résultat semble corroborer vers un rapprochement moléculaire des formes cultivées et de la population spontanée Jebel Zit [Zi].

La distance génétique la plus élevée (0,869) se situe entre les populations spontanées provenant des régions d'El Haouaria [Eh] et de Jebel Zit [Zi]. Cette valeur élevée indique une divergence moléculaire entre ces populations spontanées qui serait corrélée à des architectures contrastées: port rampant d'El Haouaria / port érigé de Jebel Zit.

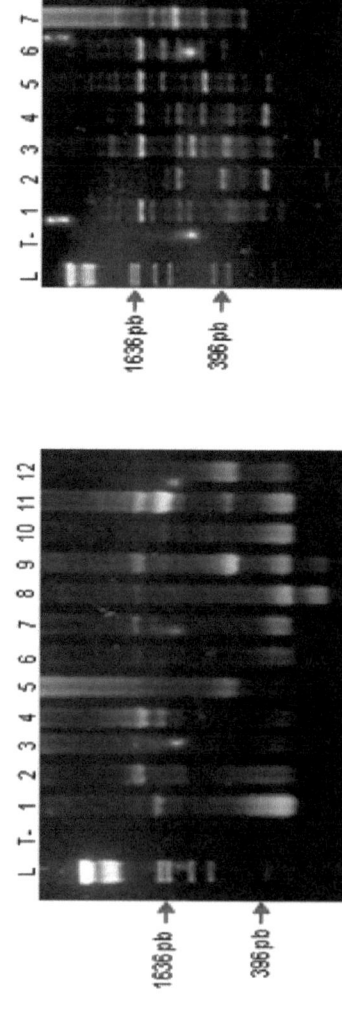

Figure 17: Produits d'amplification ISSR à partir de l'ADN cellulaire total des différentes accessions de *H. coronarium* générés à l'aide de l'amorce ancrée $(AG)_{10}T$ (Panel A) et de l'amorce ancrée $(AG)_{10}G$ (Panel B)

Légende: L: Ladder 1 kb (QBiogène, France); T-: Témoin négatif dépourvu d'ADN; 1: Béja [Be]; 2: Bizerte [Bi]; 3: Dogga [Do]; 4: El Haouaria [Eh]; 5: Forêt Ain Djemala [Fo]; 6: Jebel Zit [Za]; 7: Kélibia [Ke]; 8: Makthar [Maj]; 9: Tunis [Tu]; 10: Zaghouan [Za]; 11: cultivar Béja [cB]; 12: cultivar Mateur [cM]

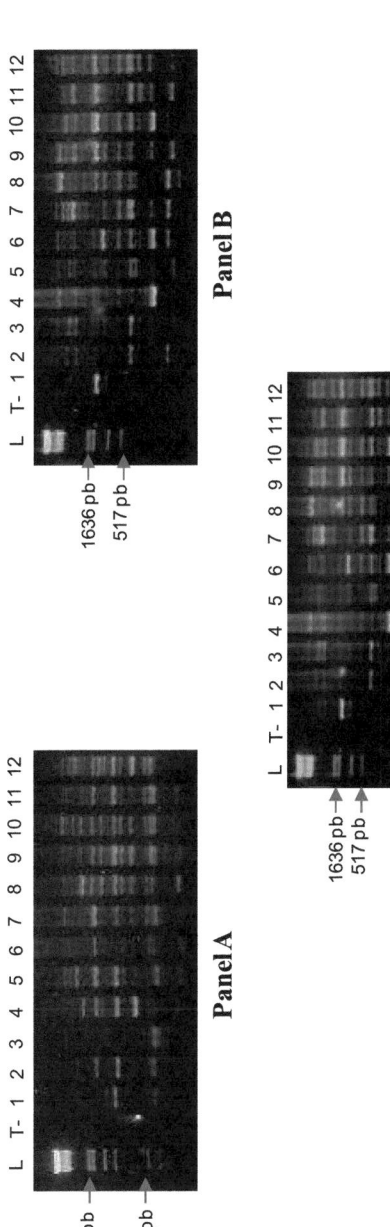

Figure 18: Produits d'amplification ISSR à partir de l'ADN cellulaire total des différentes accessions de *H. coronarium* générés à l'aide des amorces ancrées $(CT)_{10}A$ (Panel A), $(AG)_{10}C$ (Panel B) et de l'amorce non ancrée $(AG)_{10}$ (Panel C)
Légende: L: Ladder 1 kb (QBiogène, France); T-: Témoin négatif dépourvu d'ADN; 1: Béja [Be]; 2: Bizerte [Bi]; 3: Dogga [Do]; 4: El Haouaria [Eh]; 5: Forêt Aïn Djemala [Fo]; 6: Jebel Zit [Zi]; 7: Kélibia [Ke]; 8: Makthar [Ma]; 9: Tunis [Tu]; 10: Zaghouan [Za]; 11: cultivar Béja [cB]; 12: cultivar Mateur [cM]

Tableau 12: Matrice des distances génétiques de Nei & Li (1979) entre les populations basée sur les marqueurs ISSR.

Légende: cM: cultivar Mateur, cB: cultivar Béja, Za: Zaghouan, Ma: Makthar, Ke: Kélibia, Be: Béja, Tu: Tunis, Eh: El Haouaria, Zi: Jebel Zit, Do: Dogga, Fo: Forêt Aïn Djemala, Bi: Bizerte

	CM	ZA	CB	MA	KE	BE	TU	EH	ZI	DO	FO	BI
cM	0,000											
Za	0,816	0,000										
cB	**0,074**	0,637	0,000									
Ma	0,541	0,689	0,590	0,000								
Ke	0,743	0,396	0,699	0,798	0,000							
Be	0,409	0,398	0,395	0,568	0,476	0,000						
Tu	0,421	0,454	0,397	0,497	0,479	0,308	0,000					
Eh	0,801	0,647	0,671	0,682	0,476	0,398	0,302	0,000				
Zi	0,401	0,592	0,385	0,586	0,758	0,373	0,582	**0,869**	0,000			
Do	0,489	0,452	0,406	0,632	0,434	0,456	0,103	0,398	0,567	0,000		
Fo	0,677	0,455	0,694	0,565	0,436	0,598	0,121	0,532	0,623	0,102	0,000	
Bi	0,699	0,309	0,704	0,312	0,322	0,344	0,301	0,364	0,678	0,526	0,587	0,000

2- Analyse du dendrogramme

La Figure 19 illustre le dendrogramme établi à partir de la matrice des distances génétiques de Nei & Li (1979). Les populations étudiées forment deux groupes : le premier renfermant les deux cultivars semble se distinguer de l'ensemble des formes spontanées qui constituent le deuxième groupe. La faible divergence entre les deux cultivars étudiés témoigne d'une grande similitude des formes cultivées au niveau des séquences ISSR. Les regroupements des populations spontanées locales étudiées sont indépendants de l'origine géographique. Néanmoins, ce 2éme groupe se subdivise en deux sous-groupes: le premier qui se rapproche beaucoup du groupe des cultivars inclut les populations provenant des régions de Mateur et de Jebel Zit. Le deuxième sous-groupe renferme la majorité des populations à savoir Forêt Aïn Djemala [Fo], Tunis [Tu], Dogga [Do], El Haouaria [Eh], Bizerte [Bi], Béja [Be], Zaghouan [Za] et Kélibia [Ke].

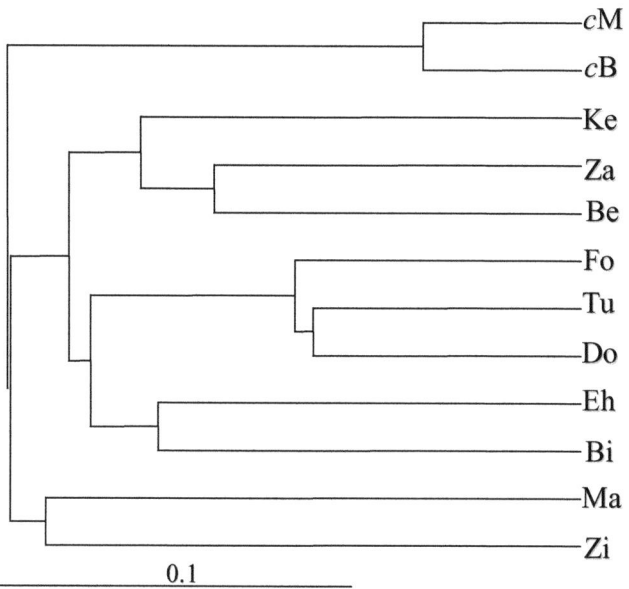

Figure 19: Dendrogramme de populations spontanées et cultivées de *H. coronarium* L. Construit à partir de la matrice des distances génétiques de Nei & Li basée sur les 79 marqueurs ISSR

Le regroupement est effectué selon la méthode UPGMA. La longueur des branches correspond à l'échelle des distances génétiques

D- Conclusions

Les marqueurs ISSR ont été mis à profit pour analyser la diversité génétique de *H. coronarium* en explorant d'autres régions du génome nucléaire. Ainsi, après une mise au point nécessaire afin d'adapter la technique ISSR au Sulla, l'analyse du polymorphisme moléculaire a pu être établi entre les dix populations spontanées locales et les deux cultivars étudiés. Les résultats obtenus montrent que l'ISSR constitue une approche précieuse permettant de révéler un nombre élevé de marqueurs moléculaires. Ainsi, l'utilisation de 5 amorces complémentaires à des séquences microsatellites a permis de générer 79 amplimères polymorphes correspondant aux régions flanquées par ces motifs. Ceci témoigne de l'importante diversité génétique chez *H. coronarium* qui constitue un important réservoir de biodiversité. Ces résultats sont en accord avec d'autres travaux basés sur les marqueurs moléculaires (AFLP, RFLP) et portant sur *H. coronarium* (Marghali *et al.*, 2002; Trifi-Farah, 2002).

Les amplimères obtenus ont été considérés comme étant des marqueurs moléculaires qui se sont avérés très efficaces pour mettre en évidence le polymorphisme génétique entre les diverses populations étudiées de *H. coronarium*. Il en ressort qu'avec un taux de bandes polymorphes égal à 100% sur l'ensemble des accessions, une importante variabilité génétique est révélée au niveau inter-populations.

L'exploitation de ces marqueurs grâce à des méthodes d'analyse statistique a permis d'estimer les distances génétiques entre les différentes populations étudiées et de générer un dendrogramme qui illustre les relations entre les accessions. L'analyse du dendrogramme montre la distinction des cultivars et des formes spontanées locales. La technique ISSR se montre donc efficace pour établir les différentes empreintes génétiques des formes spontanées et cultivées. De plus, la faible divergence entre les deux cultivars étudiés témoigne d'une grande similitude des formes cultivées au niveau des séquences ciblées. Cette similitude serait liée à une origine commune des cultivars. En outre, le regroupement des populations spontanées est indépendant de l'origine géographique.

Les résultats qui émanent de l'utilisation de la technique ISSR sont pour l'essentiel en accord avec ceux rapportés chez *H. coronarium* et basés sur les marqueurs isoenzymatiques et moléculaires en particulier RFLP et AFLP (Trifi-Farah *et al.*, 1989; Trifi-Farah & Marrakchi, 2002; Marghali *et al.*, 2003).

Chapitre V: Identification de marqueurs AFLP impliqués dans l'architecture de la plante

Chapitre V
IDENTIFICATION DE MARQUEURS AFLP
IMPLIQUES DANS L'ARCHITECTURE
de *H. coronarium*

Les populations de *H. coronarium* constituent un patrimoine phytogénétique important permettant d'établir une stratégie de conservation des écotypes performants et d'amélioration. A ce sujet, les marqueurs moléculaires, en permettant le marquage des accessions, seraient d'une grande utilité dans la conduite de ces actions. En effet, le développement de marqueurs moléculaires durant les dernières années procure la possibilité d'établir de nouvelles approches pour améliorer les stratégies de sélection. Les marqueurs moléculaires deviennent un outil essentiel dans les programmes de sélection de multiples espèces en offrant des solutions alternatives aux problèmes inhérents à l'utilisation des marqueurs phénotypiques traditionnels.

Par ailleurs, la mise en évidence de QTL au moyen de marqueurs moléculaires a été initialement développée chez les plantes où des populations en ségrégation avec des effectifs importants peuvent être établis. La technique la plus simple pour la mise en évidence de la liaison entre un marqueur moléculaire et un QTL consiste à croiser entre elles des lignées pures (homozygotes) et à analyser les ségrégations au cours des générations ultérieures en particulier à la deuxième génération (F2). L'intérêt de cette technique réside dans l'obtention de nombreuses réplications d'individus ayant un génotype identique à tous les loci étudiés, ce qui permet de réduire l'impact des facteurs aléatoires du milieu.

Au cours de ces travaux, l'étude du polymorphisme morphologique et moléculaire s'applique à deux populations de l'espèce *H. coronarium* caractérisées par un géotropisme opposé afin d'identifier des marqueurs moléculaires AFLP en relation avec l'architecture de la plante. En effet, les résultats issus de travaux antérieurs sur l'espèce *H. coronarium*, objet de cette étude (Figier, 1982; Trifi-Farah *et al.*, 1989) ont démontré que les accessions provenant des régions d'Oued Zit et d'El Haouaria sont caractérisées par une architecture opposée respectivement à port dressé et rampant.

A- Création d'une descendance en ségrégation

L'établissement de relations entre marqueurs moléculaires et traits agronomiques d'intérêt telle que l'architecture des plantes nécessite la réalisation de croisements en vue de créer une descendance en ségrégations. Le choix des parents portera sur des phénotypes assez contrastés de façon à maximiser les chances d'obtenir du polymorphisme moléculaire dans la descendance et évaluer les effets génétiques pour les loci impliqués dans l'expression des caractères d'intérêt.

Dans cette étude, nous avons considéré 2 populations naturelles spontanées caractérisées par des ports architecturaux opposés originaires d'El Haouaria et d'Oued Zit ainsi qu'un cultivar de la région de Mateur choisi comme témoin. La population d'El Haouaria est caractérisée par des plantes à port rampant et celle d'Oued Zit présente un certain redressement du port. Le cultivar est caractérisé par un port érigé. Il est important de noter que l'analyse a concerné des plantes issues d'une autofécondation, étant donné que l'espèce présente un régime de reproduction préférentiellement allogame. Ainsi, des plantes issues d'une génération d'autofécondation correspondant au cultivar (cM_{73} et cM_{75}), de la population d'El Haouaria (Eh_{30}, Eh_{42}, Eh_{63}, Eh_{73} et Eh_{76}) et de celle d'Oued Zit (Zi_{20}, Zi_{33}, Zi_{58} et Zi_{74}) feront l'objet d'une caractérisation morphologique et moléculaire par AFLP pour choisir les parents impliqués dans la création de matériel amélioré.

1- Etude morphologique

Les mesures des variables morphologiques ont été effectuées sur les plantes issues d'une génération d'autofécondation appartenant aux deux formes spontanées et au cultivar. Au stade de la floraison, six caractères morphologiques connus pour être les plus discriminants et liés à l'architecture de la plante ont été exploités chez *H. coronarium* L. (Figier, 1982; Trifi-Farah *et al.*, 2002). Les données obtenues ont été soumises à des analyses multivariées en l'occurrence une analyse en composantes principales (ACP) et une analyse factorielle des correspondances (AFC) grâce au logiciel SAS (1990).

a- Analyse en composantes principales

Le traitement des données par une analyse en composantes principales a permis de générer une matrice des coefficients de corrélation entre les différents caractères morphologiques comme indiqués dans le tableau 13.

Tableau 13: Matrice de corrélation entre les différents caractères morphologiques.

Légende: -LP: longueur du plus grand rameau plagiotrope (cm)
-NP: nombre de rameaux latéraux plagiotropes
-LO: longueur de l'axe principal orthotrope (cm)
-LT: longueur totale des axes aériens (cm)
-NF: nombre maximum de fleurs par inflorescence
-Nf: nombre de folioles des 4 dernières feuilles de l'axe principal orthotrope

VARIABLES	LP	LO	NP	LT	NF	NF
LP	+1,0000					
LO	-0,4936	+1,0000				
NP	-0,3138	+0,9123	+1,0000			
LT	-0,4146	+0,9525	+0,9501	+1,0000		
Nf	-0,7023	+0,5711	+0,5201	+0,6265	+1,0000	
NF	-0,0330	+0,7397	+0,7309	+0,8165	+0,4185	+1,0000

L'analyse de cette matrice indique en particulier une forte corrélation positive (+0,9525) entre la longueur de l'axe principal orthotrope (LO) et la longueur totale des axes aériens (LT) ce qui montre que ces paramètres sont étroitement liés et sont largement impliqués dans l'architecture des plantes. D'autres fortes corrélations positives sont également obtenues entre ces deux caractères et le nombre de rameaux latéraux plagiotropes (NP). En outre, la longueur du plus grand rameau plagiotrope (LP) présente avec les autres caractères analysés des corrélations négatives pouvant être soit importante dans le cas du nombre de folioles des 4 dernières feuilles de l'axe principal (Nf) (-0,7023), qui montre l'antagonisme de ces deux facteurs; soit très faible (-0,0330) concernant le nombre maximum de fleurs par inflorescence (NF) qui témoigne de l'indépendance de ces deux paramètres.

Les trois premiers axes de l'ACP explicitent 96,12% de l'inertie totale. Ce pourcentage très élevé traduit une forte structuration des individus étudiés et s'expliqueraient par le choix des caractères morphologiques indiqués dans cette analyse. Le premier axe absorbe 69,68% de l'inertie totale. Il est défini positivement par les variables LO, NP, LT. Le deuxième axe absorbe 20,21% de l'inertie totale. Il est défini positivement par les variables LP et NF. La troisième composante qui exprime 6,23% de la variabilité totale est définie positivement par la variable Nf (Tableau 14).

La représentation graphique de la projection des individus dans le plan défini par les deux premiers axes de l'ACP (Figure 20) indique que les individus Zi_{58} et Zi_{74} de la population d'Oued Zit sont situés du coté positif de l'axe 1 et sont les plus proches des cultivars. Ce résultat traduit le développement de l'axe principal orthotrope de ces individus qui semblent avoir une architecture relativement érigée. Parmi l'ensemble des

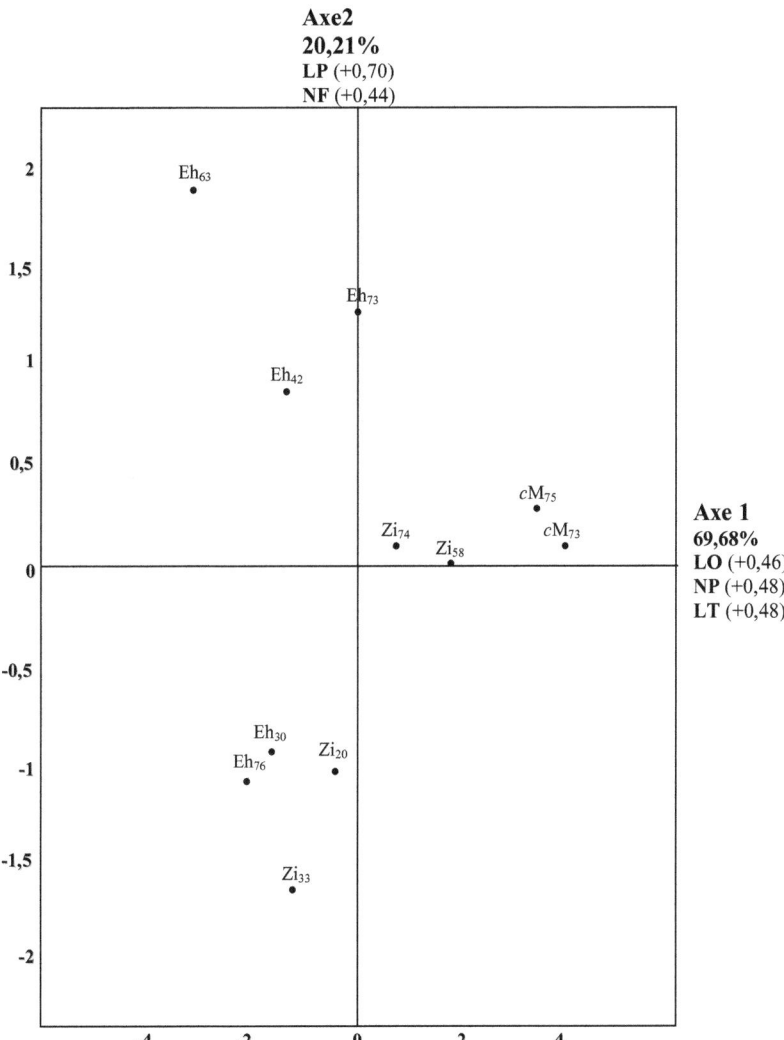

Figure 20: Dispersion des individus dans le plan engendré par les deux premiers axes 1-2 de l'analyse en composantes principales (ACP) basée sur les caractères morphologiques.

Légende   - LP: longueur du plus grand rameau plagiotrope (cm); NP: nombre de rameaux latéraux plagiotropes; LO: longueur de l'axe principal orthotrope (cm); LT: longueur totale des axes aériens (cm); NF: nombre maximum de fleurs par inflorescence

- Eh: population spontanée d'El Haouaria; Zi: population spontanée d'Oued Zit; cM: cultivar de Mateur

Tableau 14: Définition des axes et absorption de l'inertie des composantes principales (ACP) basée sur les six paramètres morphologiques.

Légende: -LP: longueur du plus grand rameau plagiotrope (cm)
-NP: nombre de rameaux latéraux plagiotropes
-LO: longueur de l'axe principal orthotrope (cm)
-LT: longueur totale des axes aériens (cm)
-NF: nombre maximum de fleurs par inflorescence
-Nf: nombre de folioles des 4 dernières feuilles de l'axe principal orthotrope

COMPOSANTES	AXE 1	AXE 2	AXE 3
% Inertie	69,68	20,21	6,23
% Inertie cumulée	69,68	89,89	96,12
Variables contribuant à la définition des axes de l'ACP	LO (+0,46) NP (+0,45) LT (+0,48)	LP (+0,70) NF (+0,44)	Nf (+0,67)

individus restants, l'individu provenant de la région de El Haouaria (Eh_{63}) se trouve situé du côté positif de l'axe 2 et caractérisé par une architecture opposée en l'occurrence des axes plagiotropes développés et un axe orthotrope réduit.

Par ailleurs, la représentation dans le plan défini par l'axe 1-3 montre des résultats similaires quant à la dispersion des individus présentant une architecture opposée (Figure 21). Le plan défini par les axes 2-3 n'a pas été considéré étant donné le faible pourcentage d'inertie cumulé par ces deux axes.

A l'issue de cette analyse en composantes principales basée sur les caractères morphologiques, les individus Zi_{58} et Eh_{63}, ayant des morphologies opposées concernant le développement du port, sont considérés de bons candidats pour la création d'une famille en ségrégation.

b- Analyse factorielle des correspondances

Cette analyse montre que 98,62% de l'inertie totale est absorbée par les trois premiers axes de l'AFC (Tableau 15). Etant donné que la majeure partie de l'inertie soit 96,24% est absorbée par les deux premiers axes, l'analyse concernera uniquement ces derniers.

Le premier axe exprime 86,55% de l'inertie totale. Il est défini positivement par la longueur du plus grand axe plagiotrope (LP) et négativement par la longueur de l'axe principal orthotrope (LO). Le deuxième axe absorbe 9,69% de la variabilité. Cette dimension est définie négativement par le nombre de folioles par feuille (Nf).

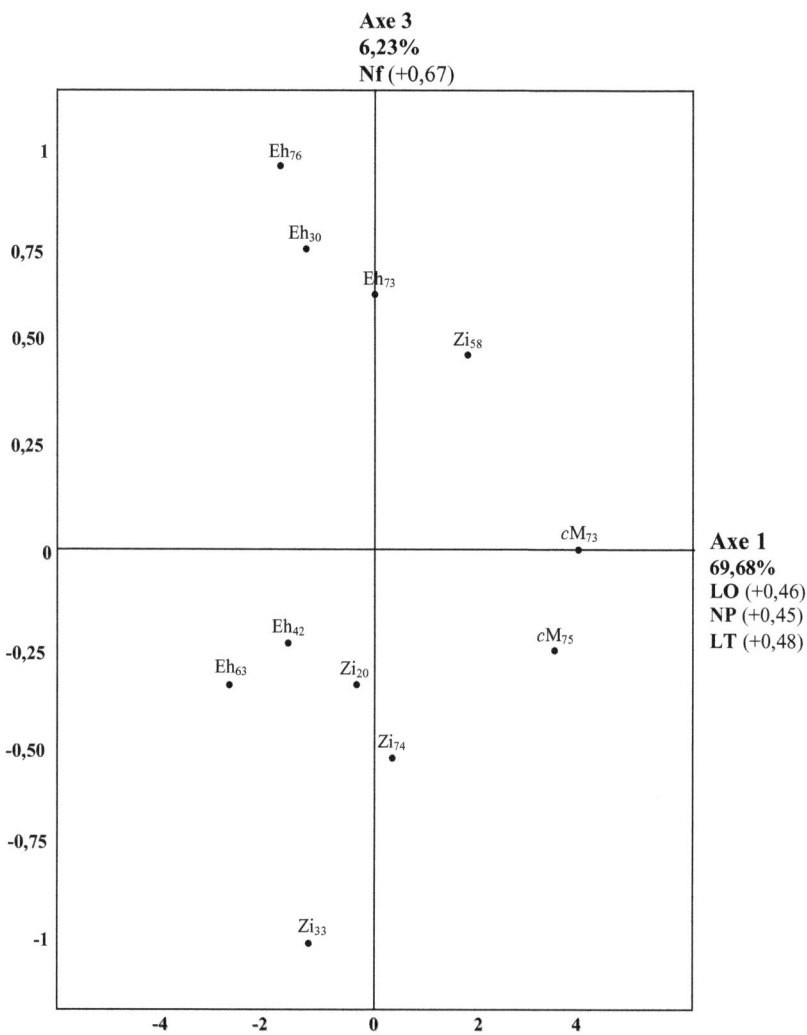

Figure 21: Dispersion des individus dans le plan engendré par les axes 1-3 de l'analyse en composantes principales (ACP) basée sur les caractères morphologiques.

Légende- NP: nombre de rameaux latéraux plagiotropes; LO: longueur de l'axe principal orthotrope (cm); LT: longueur totale des axes aériens (cm); Nf: nombre de folioles des 4 dernières feuilles de l'axe principal orthotrope- Eh: population spontanée d'El Haouaria; Zi: population spontanée d'Oued Zit; cM: cultivar de Mateur

Tableau 15: Définition des axes et absorption de l'inertie de l'analyse factorielle des correspondances (AFC) basée sur les variables morphologiques.

Légende: -LP: longueur du plus grand rameau plagiotrope (cm)
-NP: nombre de rameaux latéraux plagiotropes
-LO: longueur de l'axe principal orthotrope (cm)
-LT: longueur totale des axes aériens (cm)
-NF: nombre maximum de fleurs par inflorescence
-Nf: nombre de folioles des 4 dernières feuilles de l'axe principal orthotrope

COMPOSANTES	AXE 1	AXE 2	AXE 3
% Inertie	86,55	9,69	2,38
% Inertie cumulée	86,55	96,24	98,62
Variables contribuant à la définition des axes de l'AFC	LP (+0,57) LO (-0,35)	Nf (-0,20)	NF (+0,06) NP (-0,07) LT (-0,02)

La représentation graphique dans le plan défini par les deux premiers axes de l'AFC révèle une distribution des individus et des variables caractérisant ces derniers (Figure 22). L'individu Zi_{58} caractérisé essentiellement par la variable NF (nombre maximum de fleurs par inflorescence) et étant le plus proche des cultivars, présente une architecture érigée. Par contre, l'individu Eh_{63}, défini par le paramètre LP, est caractérisé par une architecture prostrée. Ceci est en accord avec les résultats déjà établis par l'analyse en composantes principales (ACP).

A l'issue de cette analyse morphologique, le choix portera sur les individus Zi_{58} et Eh_{63} comme parents spontanés opposés du point de vue architectural.

2- Analyse moléculaire par AFLP

Parallèlement à l'analyse morphologique et dans le but d'affiner le choix des parents pouvant contribuer à l'amélioration, une analyse moléculaire a été réalisée sur les différents individus appartenant aux deux populations spontanées et au cultivar en utilisant la technique AFLP. Dans cette analyse, une mini extraction d'ADN a été effectuée sur les plantes en cours de développement au stade 3 feuilles.

Grâce à la technique AFLP, la caractérisation moléculaire de ces individus a été établie à l'aide de 5 combinaisons d'amorces ayant 3 nucléotides sélectifs du côté 3' (Tableau 16). Les résultats révèlent pour chaque ADN étudié une empreinte génétique nette après révélation sur gel de polyacrylamide. Un total de 178 bandes a été recensé parmi lesquelles 150 se sont avérées polymorphes (taux de bandes polymorphes 84,4%) traduisant une variabilité génétique considérable entre les individus. En outre, selon la paire d'amorces exploitée, le nombre de marqueurs AFLP polymorphes varie de 28 pour la combinaison

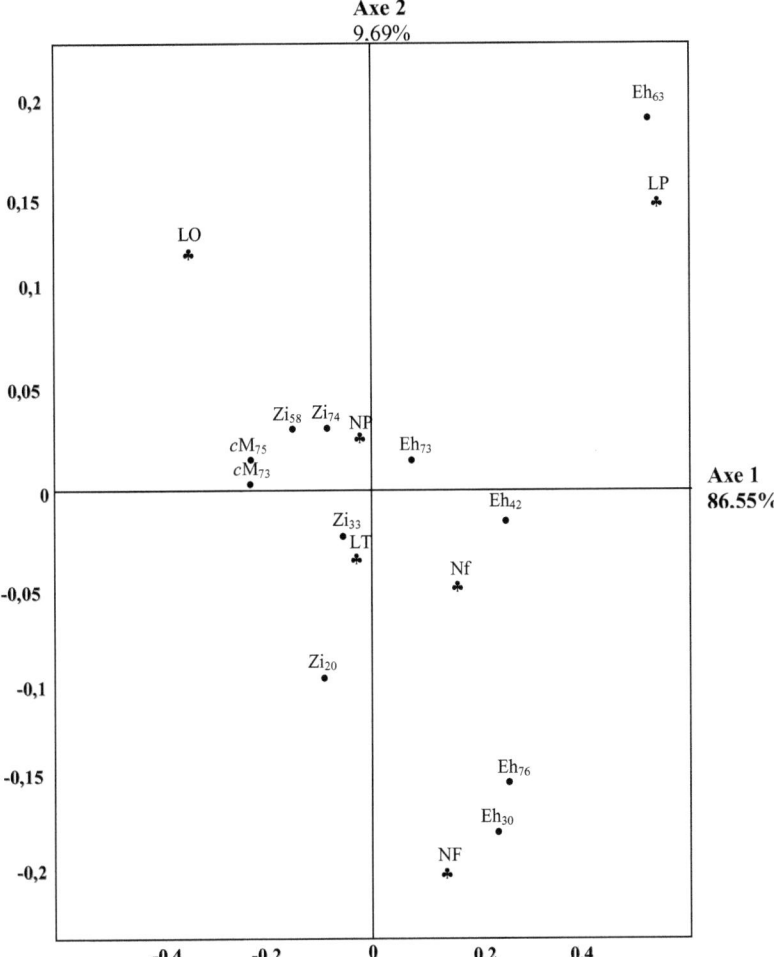

Figure 22: Dispersion des individus dans le plan engendré par les deux premiers axes 1-2 de l'analyse factorielle des correspondances (AFC) basée sur les caractères morphologiques.

Légende: - ♣ : caractères morphologiques
-•: individus étudiés
- LP: longueur du plus grand rameau plagiotrope (cm); NP: nombre de rameaux latéraux plagiotropes; LO: longueur de l'axe principal orthotrope (cm); LT: longueur totale des axes aériens (cm); NF: nombre maximum de fleurs par inflorescence; Nf: nombre de folioles des 4 dernières feuilles de l'axe principal orthotrope
- Eh: population spontanée d'El Haouaria; Zi: population spontanée d'Oued Zit; cM: cultivar de Mateur

Tableau 16: Variabilité des marqueurs AFLP chez *H. coronarium* pour la caractérisation moléculaire des individus candidats à la sélection.

*: Nombre de bandes observées clairement

Amorces EcoRI MseI	Nombre de bandes observées*	Nombre de bandes polymorphes	% de bandes polymorphes
AAC CAG	37	28	75,6
ACT CTG	35	30	85,7
AGC CTT	33	29	87,8
AAC CAA	39	31	79,5
AGC CAA	34	32	94

E_{AAC}/M_{CAG} à 32 pour le couple E_{AGC}/M_{CAA} avec une moyenne de 30 bandes polymorphes par combinaison utilisée (Tableau 16).

L'ensemble des marqueurs AFLP polymorphes obtenus ont été exploités pour établir la matrice des distances génétiques selon la formule de Nei & Li (1979) (Tableau 17). Les distances génétiques entre les différents individus varient entre 0,212 et 0,757. Il en découle qu'il existe une grande diversité génétique au niveau moléculaire entre les 11 individus étudiés. Par ailleurs, la distance génétique la plus faible (0,212) se situe entre les individus Zi_{58} et Zi_{74} appartenant à la population d'Oued Zit. Par conséquent, ces deux individus présentent le maximum de similitudes au niveau de leur ADN. D'autre part, la distance génétique la plus élevée (0,757) se trouve entre l'individu Zi_{58} de la population de Oued Zit et l'individu Eh_{63} appartenant à la population d'El Haouaria. Il en résulte que ces deux individus sont les plus divergents au niveau de leur ADN.

Sur la base de la matrice des distances génétiques, un dendrogramme a été établi entre les onze individus analysés. La figure 23, représentant le dendrogramme ainsi obtenu, révèle la séparation en deux branches témoignant de la divergence de deux groupes; un groupe incluant 2 individus Zi_{58} et Zi_{74} de la population d'Oued Zit et un individu Eh_{73} de la population d'El Haouaria, l'autre représentant tous les autres individus en particulier Eh_{63}.

Tableau 17: Matrice des distances génétiques basée sur 150 marqueurs AFLP chez *H. coronarium* pour la caractérisation moléculaire des individus candidats à la sélection.

Légende: -Eh: individus de la population d'El Haouaria
- Zi: individus de la population d'Oued Zit
- cM: cultivar de Mateur

	ZI_{58}	ZI_{74}	ZI_{20}	ZI_{33}	EH_{73}	EH_{30}	EH_{76}	EH_{42}	EH_{63}	CM_{73}	CM_{75}
Zi_{58}	0,000										
Zi_{74}	0,212	0,000									
Zi_{20}	0,618	0,502	0,000								
Zi_{33}	0,622	0,510	0,236	0,000							
Eh_{73}	0,435	0,386	0,662	0,700	0,000						
Eh_{30}	0,520	0,619	0,444	0,456	0,662	0,000					
Eh_{76}	0,595	0,628	0,551	0,500	0,540	0,386	0,000				
Eh_{42}	0,570	0,637	0,437	0,503	0,516	0,385	0,539	0,000			
Eh_{63}	0,757	0,637	0,437	0,533	0,576	0,464	0,405	0,544	0,000		
cM_{73}	0,590	0,564	0,397	0,436	0,708	0,543	0,625	0,471	0,471	0,000	
cM_{75}	0,663	0,491	0,386	0,399	0,512	0,386	0,479	0,570	0,638	0,417	0,000

Chapitre V: Recherche de marqueurs AFLP liés à des traits agronomiques

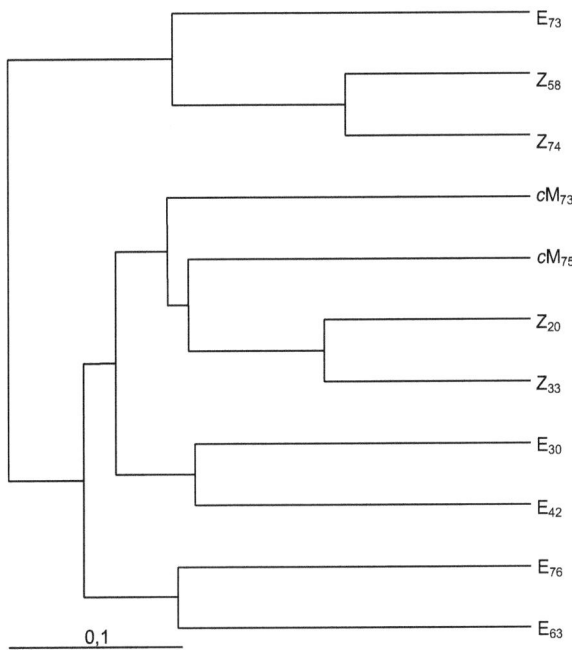

Figure 23: Arbre phylogénétique regroupant les 11 individus analysés par AFLP

Ainsi, du point de vue **morphologique** et **moléculaire**, le choix des individus les plus contrastés correspond à ceux issus d'autofécondation des populations spontanées provenant de la région Oued Zit **"Zi$_{58}$"** et El Haouaria **"Eh$_{63}$"**. Ces derniers constituent les parents du croisement visant l'identification de marqueurs AFLP impliqués dans l'architecture de *H. coronarium*. La descendance F2 obtenue par autofécondation de la descendance de 1ère génération (F1) comprend plusieurs dizaines d'individus constituant ainsi un échantillon d'évènements méiotiques suffisant en vue d'estimer les taux de recombinaison entre les marqueurs. La descendance (F$_2$) déjà réalisée constitue ainsi un matériel recombinant amélioré disponible qui fera l'objet d'une caractérisation morphologique et moléculaire en vue de détecter une éventuelle liaison entre des QTL et des gènes d'intérêt impliqués dans l'architecture des plantes voir même établir la carte génétique de *H. coronarium*.

3- Analyse conjointe des données morphologiques et moléculaires

Dans le but d'estimer les corrélations entre les matrices des distances génétiques basées sur les données morphologiques et moléculaires, le test de Mantel a été utilisé (Mantel, 1967).

a- Evaluation des distances de Mahalanobis

Les données morphologiques ont été soumises au programme SAS (SAS, 1990) afin d'établir les distances de Mahalanobis (Hebert & Vincourt, 1985).

Les distances de Mahalanobis (D^2) sont calculées entre les couples de populations issues d'une génération d'autofécondation à partir des six caractères morphologiques analysés relatifs au développement de la plante (Tableau 18). La valeur de D^2 la plus faible (116,03) se situe entre la population spontanée d'Oued Zit et la forme cultivée ce qui témoigne d'un rapprochement entre les formes spontanées à tendance orthotrope et les cultivars qui présentent un port développé. La distance de Mahalanobis la plus élevée (312,95) est observée entre les deux accessions spontanées provenant des régions d'Oued Zit et El Haouaria à architecture contrastée (respectivement à tendance orthotrope et plagiotrope).

b- Evaluation des distances génétiques de Nei & Li

Les distances génétiques de Nei & Li sont également calculées entre les trois populations issues d'autofécondation analysées. La population d'Oued Zit et le cultivar se rapprochent également au niveau moléculaire étant donné la faible distance génétique (0,197) observée entre celles-ci. Néanmoins, la distance génétique la plus élevée (0,723) se trouve entre la population spontanée d'El Haouaria et la population cultivée utilisée comme témoin dans cette étude.

c- Test de Mantel

La corrélation entre la matrice des distances de Mahalanobis basée sur les caractères morphologiques et la matrice des distances génétiques de Nei & Li (1979) basée sur les marqueurs AFLP est estimée par le test de Mantel, en déterminant le coefficient de corrélation (r).

La figure 24 qui illustre la représentation schématique du test de Mantel ne révèle aucune corrélation significative (r=0,9477; p=0,42>0,05) entre les deux types de matrices. Cette absence de corrélation malgré le nombre élevé de marqueurs moléculaires (150 marqueurs AFLP polymorphes) s'expliquerait par le nombre d'individus (11) impliqués ainsi que les différents niveaux de complexité entre les deux types d'analyse. En conséquence, le suivi de la co-ségrégation des marqueurs morphologiques et moléculaires à travers plusieurs générations constitue la méthodologie de choix pour détecter les facteurs génétiques impliqués dans l'architecture des plantes.

Tableau 18: Matrice des distances génétiques de Nei & Li basée sur les marqueurs moléculaires (AFLP) et des distances de Mahalanobis basée sur les caractères morphologiques de H. coronarium

Légende: -Eh: population spontanée d'El Haouaria
   - Zi: population spontanée d'Oued Zit
   - cM: cultivar de Mateur

	DISTANCES GENETIQUES DE NEI & LI		
	Eh	Zi	cM
Eh	**0,000**	0,682	0,723
Zi	312,95	**0,000**	0,197
cM	**261,48**	116,03	**0,000**

(DISTANCES DE MAHALANOBIS)

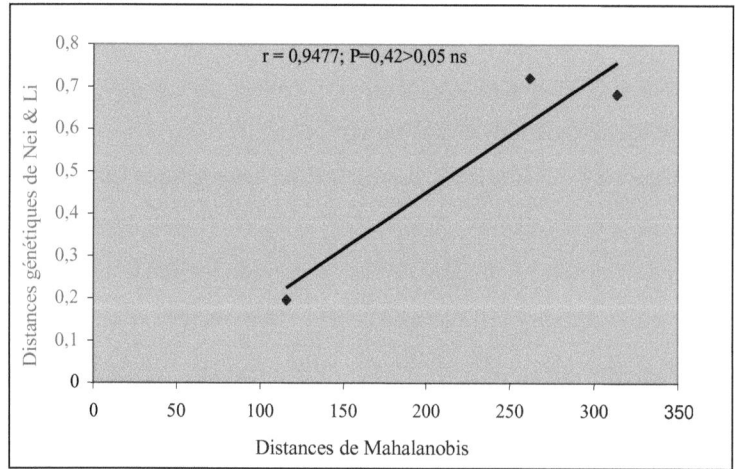

Figure 24: Représentation schématique du test de Mantel établi à partir des distances de Mahalanobis et des distances génétiques de Nei & Li

Légende:
r: coefficient de corrélation; p: probabilité de signification; ns: non significatif

B- Conclusions

Au cours de cette étude, la caractérisation morphologique et moléculaire (AFLP) a été mise à profit en vue de sélectionner les individus susceptibles d'être choisis comme candidats dans des croisements pour l'obtention d'une descendance en ségrégation afin de détecter des marqueurs moléculaires impliqués dans l'architecture des plantes de *H. coronarium*.

L'analyse de la variabilité morphologique entre les individus appartenant à deux populations à géotropisme opposé a permis de cibler les individus à ports extrêmes. Il s'agit de l'individu Zi_{58} de la population d'Oued Zit qui montre un développement de l'axe principal orthotrope, ainsi que l'individu provenant de la région d'El Haouaria (Eh_{63}) caractérisé par une architecture prostrée.

L'analyse moléculaire révèle un nombre important de marqueurs AFLP (150) générés au sein des onze individus étudiés. Ces marqueurs polymorphes ont été exploités pour cibler les génotypes les plus divergents. En effet, une nette distinction des plantes a été mise en évidence entre l'individu Zi_{58} provenant de la région d'Oued Zit et Eh_{63} de la population d'El Haouaria.

Par ailleurs, l'analyse de la corrélation par le test de Mantel de la matrice des distances génétiques de Nei & Li basée sur les données moléculaires (AFLP) et celle de Mahalanobis correspondant aux caractères morphologiques n'indique aucune corrélation significative. Des analyses de co-ségrégation permettant d'associer les marqueurs moléculaires aux marqueurs morphologiques feront suite aux croisements impliquant les individus à port contrastés préalablement sélectionnés.

Ainsi, à l'issue de l'ensemble des analyses morphologiques et moléculaires, le choix a porté sur les plantes parentales spontanées Zi_{58} et Eh_{63}, dont le croisement a permis d'obtenir la génération F1 dont l'autofécondation a généré la création de matériel recombinant (F_2). La caractérisation morphologique et moléculaire déjà entamée de ce matériel permettra l'identification de marqueurs AFLP liés à des QTL impliqués dans l'architecture du sulla. En effet, chez *H. coronarium*, la recherche de gènes impliqués dans le développement de la plante (architecture) est importante pour une meilleure exploitation agronomique.

Enfin, étant donné que chaque fragment est caractérisé par sa taille et les amorces requises pour son amplification, la plupart des fragments AFLP, correspondant à une position unique dans le génome, seront susceptibles d'être exploités en tant que point de repère ou marqueurs au niveau de cartes génétiques. L'utilisation des marqueurs moléculaires AFLP semble, de ce fait, prometteuse pour la cartographie de *H. coronarium*.

Page intentionnellement laissée vide.

Page intentionnellement laissée vide.

Chapitre V: Recherche de marqueurs AFLP liés à des traits agronomiques

CONCLUSIONS GENERALES & DISCUSSION

CONCLUSIONS GENERALES & DISCUSSION

En Tunisie, les zones de parcours, ont considérablement régressé et sont fréquemment endommagées par une forte érosion génétique due essentiellement au surpâturage et aux précipitations irrégulières. En conséquence, la conservation et la valorisation de la diversité génétique s'imposent pour entreprendre une gestion rationnelle de ce patrimoine phytogénétique. Dans ce contexte, les espèces du genre *Hedysarum*, constituent un important patrimoine phytogénétique apte à valoriser les parcours dégradés et à améliorer la production de fourrage. En Tunisie, à l'état spontané, les diverses espèces du genre *Hedysarum* servent aussi bien pour la pâture que pour l'enrichissement et la protection des sols. Cependant, seule l'espèce *H. coronarium* est cultivée sporadiquement au Nord du pays. En effet des cultivars d'origine italienne ont été introduits en Tunisie et sont exploités pour la production de fourrage.

Afin de promouvoir une valorisation des populations spontanées, la conservation de ces ressources phytogénétiques impose une évaluation préalable de la diversité génétique. En effet, tout programme de sélection est basé sur les données relatives à la biodiversité et en relation avec les caractéristiques d'intérêt agronomique. Notons que chez l'espèce *H. coronarium*, plusieurs travaux ont été menés afin d'apprécier la diversité génétique. Il en découle une importante variabilité révélée sur le plan morphologique et iso-enzymatique (Figier, 1982; Boussaïd, 1987; Chatti, 1987; Trifi-Farah *et al.*, 1989).

En outre, l'analyse de la variabilité génétique ne peut se limiter aux divergences morphologiques et enzymatiques qui sont dépendantes des effets du milieu. En effet, en vue d'affiner cette analyse et de cibler le polymorphisme de l'ADN, les marqueurs moléculaires constituent des outils efficaces pour mieux préciser la structuration et l'organisation de la diversité. De plus, l'analyse de la diversité basée sur un ensemble de marqueurs d'intérêt neutres et adaptatifs et la recherche de corrélations entre ces derniers ne peut être que bénéfique pour une meilleure conservation et sélection des génotypes intéressants. La conservation *ex-situ* des populations est nécessaire pour sauvegarder leur diversité génétique et assurer leur gestion durable.

    Le présent travail constituant un point de départ pour la conseration, rentre dans le cadre de l'analyse de la variabilité génétique chez *H. coronarium* par les marqueurs moléculaires. Par ailleurs, la valorisation des populations spontanées de cette espèce a constitué l'un des impératifs primordiaux de cette étude. Dans cette optique, une analyse morphologique et moléculaire sur la base des marqueurs AFLP a été réalisée afin d'identifier des marqueurs moléculaires en relation avec un caractère agronomique d'intérêt tel que l'architecture de la plante.

    Au cours de la première partie de ce travail, les potentialités offertes par les techniques moléculaires d'analyse de la variabilité génétique ont été mises à profit pour explorer le polymorphisme moléculaire et établir les empreintes génétiques des populations étudiées. A l'aide des marqueurs AFLP et ISSR, cette étude a concerné dix populations spontanées de l'espèce *H. coronarium* prospectées au Nord de la Dorsale tunisienne ainsi que deux cultivars.

    L'utilisation de la technique AFLP, a permis de générer 178 amplicons correspondant à des marqueurs génétiques. Ces marqueurs se sont avérés très efficaces dans la mise en évidence du polymorphisme moléculaire chez *H. coronarium* aussi bien au niveau intra- qu'inter-populations. En effet, l'analyse des empreintes génétiques obtenues pour les quinze individus d'une même population permet de visualiser des profils distincts quels que soient les couples d'amorce utilisés ce qui reflète l'existence d'un polymorphisme considérable au sein de chaque population.

    La mise en évidence de l'importante variabilité génétique, en accord avec les données morphologiques et iso-enzymatiques s'expliquerait par des échanges géniques étant donné le régime préférentiellement allogame chez *H. coronarium* (Trifi-Farah *et al.,* 1989; Louati-Namouchi, 2001). Des résultats similaires ont été rapportés chez de nombreuses espèces telles que le raygrass (Roldãn-Ruiz *et al.*, 2000) et la tomate (Park *et al.*, 2004).

L'importante diversité de toutes les populations spontanées et cultivées prospectées est révélatrice d'un potentiel génétique considérable susceptible de permettre une meilleure exploitation agronomique des formes spontanées de cette espèce, en particulier la valorisation des jachères, la protection des sols marneux en pente et la production de fourrage.

L'étude de la structure des populations de cette espèce par l'indice de Shannon, sur la base des marqueurs AFLP polymorphes, a révélé que l'essentiel de la variabilité soit 68,3% se situe au niveau intra-population. Concernant la variabilité génétique inter-populations, les populations spontanées d'El Haouaria [Eh] et de Jebel Zit [Zi] présentent le maximum de divergence au niveau de leur ADN. Cette nette divergence moléculaire serait en accord avec leur géotropisme opposé. En effet, ces deux populations spontanées sont caractérisées par des architectures opposées (Figier, 1982; Trifi-Farah *et al.*, 1989).

En outre, un rapprochement moléculaire significatif est établi entre les cultivars et les populations spontanées à tendance orthotrope ([Zi] et [Ma]). Ces dernières constituent des génotypes performants susceptibles d'être exploités dans un programme visant l'amélioration des populations spontanées bien adaptées de cette espèce.

Concernant les cultivars d'origine italienne, qui ne se distinguent pas du point de vue moléculaire des populations spontanées, ne semblent pas être appauvris en diversité génétique. De plus, la forte similitude de l'ADN des deux cultivars de Béja et de Mateur serait liée à leur origine commune (Trifi-Farah *et al.*, 1989).

Par ailleurs, il est à souligner la nette distinction existante entre le cultivar Béja [cB] et la population spontanée de la même localité malgré la sympatrie et l'allogamie préférentielle de cette espèce suscitant des échanges géniques entre les deux formes spontanées et cultivées. De plus la population spontanée de Béja [Be] montre une diversité génétique très restreinte. Il semble donc que les cultivars soient bien individualisés et maintiennent leurs caractéristiques agronomiques bien fixées ce qui traduit l'effet de la domestication.

La population de Tunis, présentant la plus importante variabilité, semble être cosmopolite étant donné les nombreux essais réalisés dans la région impliquant de multiples accessions.

Quoi qu'il en soit, toutes les populations spontanées constituent un potentiel phytogénétique important pour élaborer une stratégie d'amélioration assistée par ces marqueurs.

L'ensemble des travaux entrepris par la technique AFLP a permis d'identifier un certain nombre de marqueurs AFLP (V_{24}, V_8, V_{13}, V_{22}, V_{41}, V_{50}). Ces derniers semblent être liés au développement du port de la plante et seraient utiles lors de programmes d'amélioration assistés par ces marqueurs moléculaires. De plus, les deux variables V_{33} et V_{134}, caractéristiques des cultivars, constituent des marqueurs moléculaires précieux des formes cultivées.

Comme deuxième type de marqueurs utilisés, les ISSR ont été explorés afin d'approfondir l'étude la variabilité génétique au niveau inter-populations. Parmi les neuf amorces ISSR testées, cinq se sont avérées efficaces dans la détection de la variabilité de l'ADN chez cette espèce en mettant en évidence 79 amplimères polymorphes. D'ailleurs, l'important polymorphisme visualisé entre les amplifications d'un même échantillon d'ADN à l'aide d'amorces distinctes révèle la puissance de la technique ISSR dans l'étude de la diversité génétique. Ces résultats sont en accord avec les travaux déjà réalisés sur la base des marqueurs ISSR pour l'étude de la diversité génétique chez d'autres espèces notamment les céréales (Blair *et al.*, 1999), les arbres fruitiers (Moreno *et al.*, 1998), les Légumineuses (Sharma *et al.*, 1995) et les Solanacées (Prevost & Wilkinson, 1999).

Sur la base des marqueurs ISSR, l'établissement de distances génétiques et de l'arbre phylogénique correspondant révèle une nette distinction entre les cultivars et les formes spontanées. Cependant, la divergence entre les deux cultivars étudiés semble non significative ce qui témoigne d'une grande similitude des formes cultivées au niveau des séquences ISSR. De plus, toutes les populations spontanées locales étudiées sont réparties indépendamment de l'origine géographique ce qui s'expliquerait par l'allogamie préférentielle de l'espèce qui implique des échanges géniques entre les populations.

Bien que préliminaire, l'analyse du polymorphisme des séquences cadrées par les motifs microsatellites (ISSR), en accord avec les données AFLP montre que *H. coronarium* constitue un important réservoir de diversité. L'exploitation de ces nouveaux marqueurs ISSR ciblant d'autres régions du génome nucléaire de *Hedysarum*, est prometteuse non seulement dans l'analyse du polymorphisme intra-population, mais sera également mis à profit dans l'établissement de la carte génétique chez *H. coronarium*. En plus des séquences ISSR, il est intéressant d'élargir l'étude du polymorphisme en ciblant la variation des séquences microsatellites elles mêmes (SSR) pour mettre à profit d'autres marqueurs moléculaires dans l'amélioration assistée et dans l'établissement de la carte génétique de *H. coronarium*.

La deuxième partie du travail concerne la sélection des parents pour la création d'une descendance en ségrégation afin de détecter des marqueurs moléculaires liés à des QTL (*Quantitative Trait Loci*). Les parents caractérisés par une architecture contrastée (géotropisme opposé) ont été choisis de façon à maximiser les chances d'obtenir du polymorphisme moléculaire dans la descendance pour permettre d'évaluer les effets génétiques des loci impliqués dans l'expression des caractères d'intérêt.

Par conséquent, une caractérisation morphologique et moléculaire a été établie impliquant des plantes issues d'une génération d'autofécondation appartenant aux deux populations spontanées [Zi] et [Eh] opposées vis-à-vis de leur géotropisme ainsi qu'au cultivar [cM] pris comme témoin. Le choix a porté sur les plantes parentales spontanées Z_{58} et E_{63} qui sont caractérisées par des ports architecturaux extrêmes et qui révèlent une nette divergence moléculaire. Les croisements entre les plantes parentales Z_{58} et E_{63}, ont permis l'obtention de la F1 dont l'autofécondation a donné une descendance F2 constituée de plusieurs dizaines d'individus constituant ainsi un échantillon d'événements méïotiques apte à évaluer le taux de recombinaison entre les marqueurs. La caractérisation morphologique et moléculaire de ce matériel recombinant déjà disponible, sera mise à profit non seulement dans la détection de QTL liés à des marqueurs AFLP, mais également dans l'établissement de la carte génétique chez *H. coronarium*.

Les résultats qui en découlent seraient d'un grand apport dans la mise en œuvre d'un programme sélectif visant l'amélioration assistée par marquage moléculaire. En effet, de très nombreux caractères quantitatifs ont fait l'objet d'études approfondies et la cartographie des QTL contrôlant ces derniers a obtenu de grands succès en amélioration génétique. Une association entre la couleur de la graine de haricot et sa masse a été signalée dès 1923 (Sax, 1923). D'autres exemples du même type ont par la suite été publiés notamment les marqueurs iso-enzymatiques qui ont donné lieu aux premières illustrations des principes d'analyse des QTL (Thoday, 1961). Les cartes RFLP (Botstein *et al.*, 1980) d'espèces agronomiques majeures (tomate, pomme de terre, maïs, riz, laitue, blé) ont été ainsi établies (Bernatzky & Tanksley, 1986; Helentjaris *et al.*, 1986; Landry *et al.*, 1987; Burr *et al.*, 1988; McCouch *et al.*, 1988; Tanksley *et al.*, 1988; Chao *et al.*, 1989; Gebhardt *et al.*, 1991). Les marqueurs moléculaires ont permis l'émergence d'une nouvelle approche de la génétique quantitative puisqu'il est devenu possible d'étudier des espèces sur lesquelles aucune information génétique n'existait. Par conséquent, de nombreux travaux ont été réalisés afin de localiser des QTL contrôlant des caractères quantitatifs chez plusieurs espèces notamment le riz où le QTL contrôlant la résistance au virus RYMV a été localisé précisément au niveau du chromosome 12 (Ghesquière *et al.*, 1997; Pressoir *et al.*, 1998).

Quoi qu'il en soit, l'ensemble du présent travail a permis la mise en évidence de l'organisation de la variabilité génétique de l'espèce *H. coronarium* grâce à de puissants outils tels que les marqueurs AFLP et ISSR mais également d'apprécier les performances agronomiques des formes locales susceptibles d'être impliquées dans des programmes d'amélioration visant une meilleure rentabilité du secteur fourrager. Par conséquent, nombreuses sont les perspectives envisageables. Dans cette optique, la poursuite de nos travaux portera notamment sur les actions suivantes:

- l'élargissement des techniques d'analyses moléculaires AFLP et ISSR en utilisant d'autres amorces afin de mieux apprécier la diversité génétique.
- Compléter l'analyse de la diversité génétique au niveau intra-population grâce aux marqueurs ISSR et établir une analyse comparative entre ces derniers et les marqueurs AFLP.
- la mise à profit d'autres techniques moléculaires plus puissantes générant des marqueurs codominants tels que les microsatellites très répandus dans le génome des eucaryotes permettant de mieux explorer la diversité intra- et inter-populations et de disposer d'autres marqueurs permettant de préciser la carte génétique de *Hedysarum*. Néanmoins, l'exploitation de ces marqueurs nécessite une connaissance préalable du génome en particulier la nature du motif de répétition ainsi que celle des régions qui l'encadrent.

- l'identification de marqueurs moléculaires liés à des QTL contrôlant l'architecture des plantes grâce à l'analyse de la descendance F2.
- l'intégration de toutes les données morphologiques, iso-enzymatiques et moléculaires (AFLP, ISSR, microsatellites...) pour établir la cartographie génétique de *H. coronarium*.
- enfin, l'étude des relations phylogénétique du complexe d'espèces *Hedysarum* permettra d'envisager l'amélioration d'autres espèces notamment celles qui sont bien adaptées à la sécheresse et à la salinité.

RÉFÉRENCES BIBLIOGRAPHIQUES

REFERENCES BIBLIOGRAPHIQUES

-A-

ABDELGUERFI-BERREKIA R., ABDELGUERFI A., **1986**: Valorisation des ressources phytogénétiques locales d'intérêt fourrager dans l'aménagement des zones de montagne. *Ann. Inst. Nat. Agron.*, El Harrach, **10(2)**: 1-11

AKAGI H., YOKOSEKI Y., INAGAKI A., NAKAMURA A., FUGIMURA T., **1996**: A codominant DNA marker closely linked to the rice nuclear restorer gene, Rf-1, identified with inter-SSR fingerprinting. *Genome*, **39**: 1205-1209

AL-JANABI S.M., HONEYCUTT R.J., MCCLELLAND M., SOBRAL B.W.S., **1993**: A genetic linkage map of *Saccharum spontaneum* L. 'SES 208'. *Genetics*, **134**: 1249-1260

ARUMUGANATHAN K., EARLE E.D., **1991**: Nuclear DNA content of some important plant species. *Plant Mol. Biol. Rep.*, **9**: 208-218

-B-

BAATOUT H., BOUSSAÏD M., COMBES D., ESPAGNAC H., FIGIER J., **1976**: Contribution à la connaissance du genre *Hedysarum*. *Bull. Soc. Sc. Nat. Tunis*, **11**: 87-95

BAATOUT H., MARRAKCHI M., MATHIEU C., VEDEL F., **1985**: Variation of plastid and mitochondrial DNA in the genus *Hedysarum*. *Theoretical and Applied Genetics*, **70**: 577-584

BAATOUT H., MARRAKCHI M., PERNES J., **1990**: Electrophoretic studies of genetic variation within and among populations of allogamous *H. capitatum* and autogamous *H. euspinosissimum*. *Plant Science*, **69**: 49-64

BAATOUT H., MARRAKCHI M., COMBES C., **1991**: Genetic divergence and allozyme variation within and among populations of *Hedysarum* *spinosissimum* subsp. *capitatum* and subsp. *spinosissimum* (Papilionaceae). *Taxon*, **40**: 239-252

BAHRMAN N., DAMERVAL C., **1989**: Linkage relationships of loci controlling protein amounts in maritime pine (*Pinus pinaster* Ait.). *Heredity*, **63**: 267-274

BALLATORE G.P., **1972**: La produzione forragere negli ambianti semiaridi, con particolare referimento alla Sicilia. *L'inf. Agrario*, **27**: 7453-7464

BASSAM B.J., CAETANO-ANOLLÈS G., GRESSHOFF P.M., **1991**: Fast and sensitive silver staining of DNA in polyacrylamide gels. *Ann. Biochem.*, **196**: 80-83

BATTANDIER J.A., **1988**: Flore de l'Algérie. (*Ed. Typographie Jourdan*), Paris, France, 293-295

BEAVIS W.D., GRANT D., **1991**: A linkage map based on information from F_2 populations of maize (*Zea mays* L.). *Theoretical and Applied Genetics*, **88**: 636-644

BECKMANN J.S., SOLLER M., **1988**: Detection of linkage between marker loci affecting quantitative traits in crosses between segregating populations. *Theoretical and Applied Genetics* **76**: 228-236

BEJI M., **1991**: Relations évolutives dans le genre *Hedysarum*. Apport de la tétraploïdie induite expérimentale. *Thèse d'Etat, Univ. de Pau et des pays de l'Adour*, France, 271 p

BEN-FADHEL-JENDOUBI N., **1993**: Polymorphisme de populations naturelles d'*Hedysarum flexuosum* L. et incidence de la culture *in vitro* sur la variabilité chez cette espèce. *Thèse de 3ème cycle, Fac. Sc. Tunis*, 128 p

BENZECRI J.P., **1973**: L'analyse des correspondances. (*Ed. Dunod*), Paris, France, 619 p

BERNATZKY R., TANKSLEY S.D., **1986**: Towards a saturated linkage map in tomato based on isozymes and random cDNA sequences. *Genetics*, **112**: 887-898

BINELLI G., BUCCI G., **1994**: A genetic linkage map of *Picea abies* Karts., based on RAPD markers, as a tool in population genetics. *Theoretical* and *Applied Genetics*, **88**: 283-288

BLAIR M.W., PANAUD O., MCCOUCH S.R., **1999**: Inter-simple sequence repeat (ISSR) amplification for analysis of microsatellite motif frequency and fingerprinting in rice (*Oryza sativa* L.). *Theoretical and Applied Genetics*, **98**: 780-792

BOTSTEIN D., WHITE R.L., SKOLNICK M., DAVIS R.W., **1980**: Construction of a genetic linkage map in man using restriction fragment length polymorphism. *Ann. J. Hum. Genet.*, **32**: 314-331

BOURSIQUOT J.M., FABER M.P., BLACHIER O., TRUEL P., **1987**: Utilisation par l'informatique et traitement statistique d'un fichier ampélographique. *Agronomie*, **7**: 13-20

BOUSSAÏD M., **1987**: Variabilité et morphogenèse chez *Hedysarum carnosum* Desf. Comparaison entre plantes néoformées en culture *in vitro* et individus normalement issus de graines. *Thèse d'Etat, Fac. Sc. St Jérôme Marseille, France*, 170 p

BOUSSAÏD M., BEN FADHEL N., TRIFI-FARAH N., ABDELKEFI A., MARRAKCHI M., **1995**: Mediterranean species of *Hedysarum* genus. *Genetic resources of forage and grass plants (Ed. I.N.R.A. et B.R.G.)*, France, 115-130

BULLITA S., FALCINI M., LORENZETTI S., NEGRI V., PARDINI A., PIEMONTESE S., PORQUEDDU C., ROGGERO P.P., TALAMUCCI P., VERONESI F., **1995**: Produzione di seme di leguminose foraggere annuali in tre ambienti italiani. *Rivista di Agronomia*, **29(1)**: 83-93

BULLITA S., BULLITA P., SABA P., **2000**: Seed production and its components in sardinian germplasm of *H. coronarium* L. and *H. spinosissimum* L. *Cah. Options Mediterr.*, **45**: 355-358

BURR B., BURR F.A., THOMPSON K.H., ALBERTSEN M.C., STUBER C.W., **1988**:

Gene mapping with recombinant inbreds in maize. *Genetics*, **118**: 519-526

BUSSEL J.D., **1999**: The distribution of random amplified polymorphic DNA (RAPD) diversity among populations of *Isotoma petraea* (Lobeliaceae). *Molecular Ecology*, **8**: 775-789

-C-

CENNI B., JANNELLA G.G., COLOMBANI N., **1968**: Chemical composition, digestibility and nutritive value of sulla (*Hedysarum coronarium* L.) have produced in Voltera district. *Ann. Fac. Med. Vet., Univ. Pisa*, **20**: 155-168

CHALHOUB B.A., THIBAULT S., LAUCOU V., RAMEAU C., HOFTE H., COUSIN R., **1997**: Silver staining and recovery of AFLP™ amplification products on large denaturing polyacrylamide gels. *Biotechniques*, **22(2)**: 216-220

CHANG C., BOWMAN A.W., LANDER E.S., MEYEROWITZ E.W., **1988**: Restriction fragment length polymorphisms linkage map of *Arabidopsis thaliana*. *Proc. Natl. Acad. Sci.*, USA, **85**: 9856-6860

CHAO S., SHARP P.J., WORLAND A.J., **1989**: RFLP-based genetic maps of wheat homeologous group 7 chromosomes. *Theoretical and Applied Genetics*, **78**: 495-504

CHATTI W.S., **1987**: Analyse de la diversité génétique basée sur les caractères morphologiques et le polymorphisme enzymatique des espèces *H. coronarium* L. et *H. carnosum* Desf. Relations phylogénétiques avec le complexe *H. spinosissimum* L. *Thèse de 3ème cycle, Fac. Sc. Tunis*, 126 p

CHO Y.G., BLAIR M.W., PANAUD O., MC COUCH S.R., **1996**: Cloning and mapping of variety-specific rice genomic DNA sequences: amplified fragment length polymorphisms (AFLP) from silver-stained polyacrylamide gels. *Genome*, **39**: 373-378

CHRIKI A., COMBES D., MARRAKCHI M., **1984**: Etude de la compétition pollinique chez Sulla (*Hedysarum coronarium* L. Légumineuse papilionacée).

Agronomie, **4(2)**: 155-159

CHRIKI A., **1986**: L'hérédité des anthocyanes florales chez *Hedysarum coronarium* L., *Hedysarum carnosum* Desf. Et *Hedysarum capitatum* Desf. Arsch. Et Gr. *Thèse de Doctorat d'Etat, Univ. de Pau et des Pays de l'Adour*, France, 229 p

COMBES D., ESPAGNAC H., FIGIER J., **1975**: Etude des populations naturelles d'*Hedysarum coronarium* L. du Nord de la Tunisie. *Bull. Soc. Hist. Nat. Afr. Nord*, **66**: 107-122

CRESSWELL A., SACKVILLE HAMILTON N.R., ROY A.K., VIEGAS B.M., **2001**: Use of amplified fragment length polymorphism markers to assess genetic diversity of *Lolium* species from Portugal. *Molecular Ecology*, **10(1)**: 229-241

-D-

DELLAPORTA S.L., WOOD J., HICKS J.B., **1983**: A plant DNA minipreparation: version II. *Plant Mol. Biol. Rep.*, **1**: 19-21

DEVEY M.E., FIDDLER T.A., LIU B-H, KNAPP S.J., NEALE B.D., **1994**: An RFLP linkage map for loblolly pine based on a three-generation outbred pedigree. *Theoretical and Applied Genetics*, **88**: 273-278

DIERS B.W., MANSUR L., IMSANDE J., SHOEMAKER R.C., **1992**: Mapping Phytophtora resistance loci in soybean with restriction fragment length polymorphism markers. *Crop Sci.*, **32**: 377-383

DUFREN M., GATHOYE J.L., TYTECA D., **1991**: Biostatistical studies on Western European *Dactylorhiza* (Orchidaceae), the *D. maculata* group. *Pl. Syst. Evol.*, **175**: 55-72

DURHAM R.E., LIOU P.C., GMITTER F.G., MOORE G.A., **1992**: Linkage of restriction fragment length polymorphisms and isozymes in Citrus. *Theoretical and Applied Genetics*, **84**: 39-48

-E-

ECHT C.S., KIDWELL K.K., KNAPP S.J., OSBORN T.C., MCCOY T.J., **1994**: Linkage mapping in diploid alfalfa (*Medicago sativa*). *Genome*, **37**: 61-71

-F-

FANG D.Q., ROOSE M.L., **1997**: Identification of closely related citrus cultivars with inter-simple sequence repeat markers. *Theoretical and Applied Genetics*, **95**: 408-417

FANG D.Q., KRUEGER R.R., ROOSE M.L., **1998**: Phylogenetic relationships among selected citrus germplasm accessions revealed by inter-simple sequence repeat (ISSR) markers. *Journal of the American Society for Horticultural Science*, **123**: 612-617

FELSENSTEIN J., **1995**: PHYLIP (Phylogenetic Interference Package) Version 3.572 c, *Department of Genetics, University of Washington*, Seattle, WA

FERREIRA M.E., WILLIAMS P.H., OSBORN T.C., **1994**: RFLP mapping of *Brassica napus* using doubled haploid lines. *Theoretical and Applied Genetics*, **89**: 615-621

FIGIER J., ESPAGNAC H., COMBES D., FRANCILLON G., **1978**: Mise en évidence de types morphologiques dans les populations naturelles de *H. coronarium* de Tunisie par analyse multivariable. *Rev. Gen. Bot.*, **85**: 21-62

FIGIER J., **1982**: Etude de la variabilité et du déterminisme de la morphologie de l'*Hedysarum coronarium* L. en Tunisie. Implications concernant l'amélioration de cette espèce fourragère dans ce pays. *Thèse d'Etat, Univ. Paris Sud*, Orsay, 236 p

FOURNIER P., **1961**: Les quatre flores de France. (*Ed. Lechevalier*), Paris, France, 577 p

FULTON T.M., GRANDILLO S., BECK-BUNN T., FRIDMAN E., FRAMPTON A., LOPEZ J., PETIARD V., UHLIG J., ZAMIR D., TANKSLEY S.D., **2000**: Advanced backcross QTL analysis of *Lycopersicon esculentum* X *Lycopersicon parviflorum* cross. *Theoretical and Applied Genetics*, **100**: 1025-1042

-G-

GEBHARDT C., RITTER E., BARONE A., DEBENER T., WALKEMEIER B., SCHACHTSCHABEL U., KAUFMANN H., THOMPSON R.D., BONIERBALE M.W., GANAL M.W., TANKSLEY S.D., SALAMINI F., **1991**: RFLP maps of potato and their alignment with the homeologous tomato genome. *Theoretical and Applied Genetics*, **83**: 49-57

GHARIANI S., TRIFI-FARAH N., CHAKROUN M., MARGHALI S., MARRAKCHI M., **2003**: Genetic diversity in Tunisian perennial ryegrass revealed by ISSR markers. *Genetic Resources and Crop Evolution*, **50**: 809-815

GHESQUIÈRE A., ALBAR L., LORIEUX M., AHMADI N., FARGETTE D., HUANG N., McCOUCH S.R., NOTTEGHEN J.L., **1997**: A major QTL for rice yellow mottle virus (RYMV) resistance maps to a cluster of blast resistance genes on chromsome 12. *Phytopathology*, **87**: 1243-1249

GILL K.S., LUBBERS E.L., GILL B.S., RAUPP W.J., COX T.S., **1991**: A genetic linkage map of Triticum fauschii (DD) and its relationship to the D genome of Bread weat (AABBDD). *Genome*, **34**: 362-372

GOLDMAN D., MERRIL C.R., **1982**: Silver staining of DNA in polyacrylamide gels: Linearity and effect of fragment size. *Electrophoresis*, **3**: 24-26

GOUNOT M., **1958**: Contribution à l'étude des groupements végétaux messicoles et rudéraux de la Tunisie. *Ann. Serv. Bot. Agron. Tunisie*, **31**: 282 p

GRADINER J.M., COE E.H., MELIA-HANCOCK S., HOISINGTON D.A., CHAO S., **1993**: Development of a core RFLP map in maize using an immortalized F_2 population. *Genetics*, **134**: 917-930

GRANER A., JAHORR A., SCHONDELMAIER J., SIEDLER H., PILLE'N K., FISHBECK G., WENZEL G., HERRMANN R.G., **1991**: Construction of an RFLP map of barley. *Theoretical and Applied Genetics*, **83**: 250-256

GRATTAPAGLIA D., SEDEROFF R., **1994**: Genetic linkage maps of *Eucalyptus grandis* and *E. urophylla* using a pseudo-testcross mapping strategy and RAPD markers. *Genetics*, **137**: 1121-1137

GRIMALDI A., **1961**: Observazioni et ricerche morfologiche sopra la sulla (*Hedysarum coronarium* L.). *Nota II, Ann. Fac. Agr. Univ. Perugia*, **16**: 3-38

GUPTA M., CHYL Y-S, ROMEO-SEVERSON J., OWEN J.L., **1994**: Amplification of DNA markers from evolutionarily diverse genomes using single primers of simple-sequence repeat. *Theoretical and Applied Genetics*, **89**: 998-1006

-H-

HALEY C.S., KNOTT S.A., **1992**: A simple regression method for mapping quantitative trait loci in line crosses using flanking markers. *Heredity*, **69**: 315-324

HEBERT Y., VINCOURT P., **1985**: Mesure de la divergence génétique. 2-Distances calculées sur des critères biométriques. *In: Les distances génétiques, estimation et application (Ed. Lefort-Buson M. et De Vienne D.)*, INRA, 23-37

HELENTJARIS T., SLOCUM M., WRIGHT S., SCHAEFFER A., NIENHUIS J., **1986**: Construction of genetic linkage maps in maize and tomato using restriction fragment length polymorphisms. *Theoretical and Applied Genetics*, **72**: 761-769

HEUN M., KENNEDY A.E., ANDERSON J.A., LAPITAN N.L.V., SORRELLS M.E., TANKSLEY S.D., **1991**: Construction of a restriction fragment length polymorphism map for barley (*Hordeum vulgare*). *Genome*, **34**: 437-444

HINZE K., THOMPSON R.D., RITTER E., SALAMINI F., SCHULZE-LEFERT P., **1991**:

Restriction fragment length polymorphism-mediated targeting of the ml-o resistance locus in barley (*Hordeum vulgare*). *Proc. Natl. Acad. Sci.,* USA, **88**: 3691-3695

HUGHES J.B., DAILY G.C., EHRLICH P.R., **1997**: Population diversity: its extent and extinction. *Science*, **278**: 689-692

-J-

JARREL D.C., ROOSE M.L., TRAUGH S.N., KUPPER R.S., **1992**: A genetic map of citrus based on the segregation of isozymes and RFLPs in an intergeneric cross. *Theoretical and Applied Genetics*, **84**: 49-56

JEFFREYS A.J., ROYLE N.J., PATEL I., ARMOUR J.A.L., MACLEOD A., COLLICK A., GRAY I.C., NEUMANN R., GIBBS M., CROSIER M., HILL M., SIGNER E., MONCKTON D.G., **1991**: Principles and recent advances in DNA fingerprinting. *In DNA Fingerprinting: Approaches and Applications (Ed. Burke, T., Dolf, G., Jeffreys, A.J., Wolff, R.),* Birkhauser, *Baselet*, 1-19

JIN P.L., RUTH K., ANDREA K., LEONG H.G., YIK-YUEN G., **1999**: Amplified Fragment Length Polymorphism (AFLP) provides molecular markers for the identification of Caladium bicolor cultivars. *Annals of botany*, **84**: 155-161.

JUMBO M., **1989**: Exploration informatique et statistique de données. (*Ed. Dunod*), Paris.

-K-

KARP A., KRESOVICH S., BHAT K.V., AYAD W.G., HODGKIN T., **1997**: Molecular tools in plant genetic resources conservation: a guide to the technologies. *IPGRI Technical Bulletin N° 2. International Plant Genet. Res. Inst.,* Italy

KISS G.B., CSANADI G., KALO P., OKRESZ L., **1993**: Construction of a basic genetic map for alfafa using RFLP, RAPD, isozyme and morphological markers. *Molecular and General Genetics*, **238**: 129-137

KLEINHOFS A., KILIAN A., SAGHAI MAROOF M.A., BIYASHEV R.M., HAYES P., CHEN F.Q., LAPITAN N., FENWICK A., BLAKE T.K., KANAZIN V., ANANIEV E., DAHLEEN L., KUDRNA D., BOLLINGER J., KNAPP S.J., LIU B., SORRELLS M., HEUN M., FRANCKOWIAK J.D., HOFFMAN D., SKADSEN R., STEFFENSON B.J., **1993**: A molecular, isozyme and morphological map of barley (*Hordeum vulgare*) genome. *Theoretical and Applied Genetics*, **86**: 705-712

KOCH G., JUNG C., **1997**: Phylogenetic relationships of industrial chicory varieties revealed by RAPDs and AFLPs. *Agronomie*, **17**: 323-333

KOJIMA T., NAGAOKA T., NODA K., OGIHARA Y., **1998**: Genetic linkage map of ISSR and RAPD markers in einkorn wheat in relation to that of RFLP markers. *Theoretical and Applied Genetics*, **96**: 37-45

KRISHNA H., KEMP D.P., NEWTON S.D., **1990**: Necton sulla. A preliminary agronomic evaluation. *In proceeding of the New Zealand Grassland Association*, **52**: 157-159

-L-

LALAOUI-KAMAL M., ASSALI N.E., **1997**: Utilisation des marqueurs moléculaires RFLP pour la caractérisation de la diversité génétique. *In: Actualités Scientifiques, Actes 6èmes Journées Scientifiques du Réseau AUPELF-UREF*, 355-360

LANDER E.S., BOTSTEIN D., **1989**: Mapping mendelian factors underlying quantitative traits using RFLP linkage maps. *Genetics*, **121**: 185-199

LANDRY B.S., KESSELI R., FARRARA B., MICHELMORE R.W., **1987**: A genetic map of lettuce (*Lactuca sativa* L.) with restriction fragment length polymorphism, isozyme, disease resistance and morphological markers. *Genetics*, **116**: 331-337

LEBART L., MORINEAU A., TABART N., **1977**: Techniques de la description statistique. Méthodes et logiciels pour l'analyse des grands tableaux. (*Ed. Dunod*), Paris

LEHOUEROU H.N., **1969**: Principes, méthodes et techniques d'amélioration pastorale et fourragère. Pâturage et cultures fourragères. Etude n°2, F.A.O., Rome

LEWONTIN R.C., **1972**: The apportionment of human diversity. *Evolution Biology*, **6**: 381-398

LOUATI-NAMOUCHI I., **2001**: Etude de la variabilité morphologique et du régime de reproduction par les paramètres de fertilité et les marqueurs iso-enzymatiques chez *H. coronarium* L., *Thèse de Doctorat de Biologie, Fac. Sc. Tunis*, 204 p.

LU J., KNOX M.R., AMBROSE M., BROWN J.K.M., ELLIS T.H.N., **1996**: Comparative analysis of genetic diversity in pea assessed by RFLP and PCR methods. *Theoretical and Applied Genetics*, **93**: 1103-1111

LYNN M.K., SCHAAL B.A., **1989**: Ribosomal-DNA variation and distribution in *Rudbeckia missouriensis*. *Evolution*, **43 (5)**: 1117-1119

-M-

MACKILL D.J., **1999**: Genome analysis and rice breeding. *In Molecular biology of Rice (Ed. Shimamoto K.)*, 17-41

MAIRE R., **1958**: Flore de l'Afrique du Nord. (*Ed. Lechevalier*), Paris, France, vol 1 à 16

MANTEL N., **1967**: The detection of disease clustering and a generalized regression approach. *Cancer research*, **27**: 209-220.

MILLER M. P., **1997**: Tools for population genetic analyses (TFPGA) 1.3: A Windows program for the analysis of allozyme and molecular population genetic data. Computer software distributed by author.

MARGHALI S., TRIFI-FARAH N., GHARIANI S., MARRAKCHI M., **2002**: Exploration of the genetic diversity in *Hedysarum* genus detected by AFLPs. *In: Durand*

J.L., Emile J.C., Huyghe C., Lemaire G. (Ed. Proceedings of the 19TH General Meeting of the European Grassland Federation), France, **7**: 444-445

MARGHALI S., TRIFI-FARAH N., PANAUD O., GHARIANI S., LAMY F., SARR A., MARRAKCHI M., **2003**: Exploration of intra- and inter-population genetic diversity in *Hedysarum coronarium* L. revealed by AFLP markers. *Genetic Resources and Crop Evolution*, (*In press*)

MAXAM A.M., GILBERT W., **1980**: Sequencing end-labeled DNA with base-specific chemical cleavages. *Methods Enzymol.*, **65**: 499-560

MAYONNE B., TIBERO M., MAZZIOTI-DI-CELSO P., **1951**: Chemical composition and feed value of *Hedysarum coronarium* L. Conf. for Impro. of Past. and Fodder Product. *In the Medit. Area*, Rome, 3-19

MCCOUCH S.R., KOCHERT G., YU Z.H., WANG Z.Y., KUSH G.S., COFFMAN W.R., TANKSLEY S.D., **1988**: Molecular mapping of rice chromosomes. *Theoretical and Applied Genetics*, **76**: 815-829

MORENO S., MARTIN J.P., ORTIZ J.M., **1998**: Inter-simple sequence PCR for characterization of closely related grapevine germplasm. *Euphytica*, **101**: 117-125

MORTON N.E., **1955**: Sequential tests for the detection of linkage. *Am. J. Hum. Genet.*, **7**: 277-318

MULLIS K., FALOONA S., SCHRF S., SAIKI R., HORN G., ERLICH H., **1986**: Specific enzymatic amplification of DNA in vitro: The polymerase chain reaction. *Cold Spring Harbor Symp. Quant. Biol.*, **51**: 263-273

-N-

NAGAOKA T., OGIHARA Y., **1997**: Applicability of Inter Simple Sequence Repeat polymorphisms in wheat for use as DNA markers in comparison to RFLP and RAPD markers. *Theoretical and Applied Genetics*, **94**: 597-602

NAM H.G., GIRAUDAT J., DEN BOER B., MOONAN F., LOOS W.D.B., HAUGE B.M., GOODMAN H.M., **1989**: Restriction fragment length polymorphism linkage map of *Arabidopsis thaliana*. *Plant Cell*, **1**: 699-705

NEFFATI M., GHARBI-GAMMAR Z., AKRIMI N., HENCHI B., **1999**: Les plantes endémiques en Tunisie. *Flore méditerranéenne*, **9**: 163-174

NEI M., LI W.S., **1979**: Mathematical model for studying genetic variation in terms of restriction endonuclease. *Proc. Natl. Acad. Sci.,* USA, **76**: 5269-5273

NELSON C.D., NANCE W.L., DOUDRICK R.L., **1993**: A partial genetic linkage map of Slash pine (*Pinus elliotti Englem* var. *elliottii*) based on random amplified polymorphic DNA's. *Theoretical and Applied Genetics*, **87**: 145-151

-O-

ÖZKAN H., BRANDOLINI A., SHÄFER-PREGL R., SALAMINI F., **2002**: AFLP analysis of a collection of tetraploïd wheats indicates the origin of Emmer and Hard wheat domestication in Southeast Turkey. *Molecular Biology and Evolution*, **19**: 1797-1801

-P-

PANELLA A., **1956**: Indagini preliminari sul miglioramento genetico della sulla. *Sementi elette*, **2**: 26-33

PARAN I., KESSELI R., MICHELMORE R., **1991**: Identification of restriction fragment length polymorphism and random amplified polymorphic DNA markers linked to downy mildew resistance genes in lettuce, using near-isogenic lines. *Genome*, **34**: 1021-1027

PARK Y.H., WEST M.A.L., ST. CLAIR D.A., **2004**: Evaluation of AFLPs for germplasm fingerprinting and assessment of genetic diversity in cultivars of tomato (*Lycopersicon esculentum* L.). *Genome*, **47(3)**: 510-518(9)

PATERSON A.H., DE VERNA J.W., LANINI B., TANKSLEY S.D., **1990**: Fine mapping of quantitative trait loci using selected overlapping recombinant chromosomes, in an interspecies cross of tomato. *Genetics*, **124**: 735-742

PENNER G.A., CHONG J., LÉVESQUE-LEMAY M., MOLNAR S.J., FEDAK G., **1993**: Identification of a RAPD marker linked to the oat stem rust gene PG3. *Theoretical and Applied Genetics*, **85**: 702-705

PERNES J., **1983**: La génétique de la domestication des céréales. *La Recherche* **146**: 910-919

PHILIPP U., WEHLING P., WRICKE G., **1994**: A linkage map of rye. *Theoretical and Applied Genetics*, **88**: 243-248

PLOMION C., O'MALLEY D.M., DUREL C-E., **1995**: Genomic analysis in maritime pine (*Pinus pinaster*). Comparison of two RAPD maps using selfed and open-pollinated seeds of the same individual. *Theoretical and Applied Genetics*, **90**: 1028-1034

POTTIER-ALAPETITE G., **1979**: Flore de la Tunisie – Angiospermes Dicotylédones. Apétales. Dialypétales. *Imp. Off. de la Rép. Tunisienne*, 542 p

PRESSOIR G., ALBAR L., AHMADI N., RIMBAULT I., LORIEUX M., FARGETTE D., GHESQUIÈRE A., **1998**: Genetic basis and mapping of the resistance to the rice yellow mottle virus. II. Evidence of a complementary epistasis between two QTLs. *Theoretical and Applied Genetics*, **97**: 1155-1161

PREVOST A., WILKINSON M.J., **1999**: A new system comparing PCR primers applied to ISSR fingerprinting of potato cultivars. *Theoretical and Applied Genetics*, **98**: 107-112

-Q-

QUEZEL P., SANTA S., **1962**: Nouvelle flore de l'Algérie et des régions désertiques méridionales. *Tome I. (Ed/C.N.R.S)*., France, **1**: 341-359

-R-

RATNAPARKHE M.B., TEKEOGLU M., MUELHLBAUER F.J., **1998**: Inter-simple sequence repeat (ISSR) polymorphisms are useful for finding markers associated with disease resistance gene clusters. *Theoretical and Applied Genetics*, **97**: 515-519

REITER R.S., WILLIAMS J., FELDMAN K., RAFALSKI J.A., TINGEY S.V., SCOLNIK P.A., **1992**: Global and local genome mapping in *Arabidopsis thaliana* recombinant inbred lines and random amplified polymorphic DNAs. *Proc. Natl. Acad. Sci.*, USA, **89**: 1477-1481

RESTUCCIA G., **1976**: I contibuti della ricerca al miglioramento della tecnica colturale della sulla (*Hedysarum coronarium* L.) in Italia. *Tecnica Agricola*, **28**: 1-15

RODER M.S., PLASCHKE J., KONIG S.U., BORNER A., SORRELL M.E., TANKSLEY S.D., GANAL M.W., **1995**: Abundance, variability and chromosomal location of microsatellites in wheat. *Molecular General Genetics*, **246**: 327-333

RODOLPHE F., LEFORT M., **1993**: A multi-marker model for detecting chromosomal segments displaying QTL activity. *Genetics*, **134**: 1277-1288

ROLDĀN-RUIZ I., DENDAUW J., VAN BOCKSTAELE E., DEPICKER A., DE LOOSE M., **2000**: AFLP markers reveal high polymorphic rates in ryegrasses (*Lolium* spp.). *Molecular Breeding*, **6**: 125-134

-S-

SAÏKI R.K., SCHARF S., FALOONA F., MULLIS K.B., HORN G.T., ERLICH H.A., ARNHEIM N., **1985**: Enzymatic amplification of β-globin genomic sequences and restriction site analysis for diagnosis of sickle cell anemia. *Science*, **230**: 1350-1356

SALIBA-COLOMBANI V., CAUSSE M., GERVAIS L., PHILOUZE J., **2000**: Efficiency of RFLP, RAPD, and AFLP markers for the construction of an intraspecific map of the tomato genome. *Genome*, **43(1)**:29-40

SAMBROOK K.J., FRITSCH E.F., MANIATIS T., **1989**: Molecular cloning: A laboratory manual. *Cold Spring Harbor Laboratory Press, Cold Spring Harbor*, New York, Second Edition

SANCHEZ DE LA HOZ M.P., DAVALIA J.A., LOARCE Y., FERRER E., **1996**: Simple sequence repeat primers used in polymerase chain reaction amplification to study genetic diversity in barley. *Genome*, **39**: 112-117

SAS (STATISTICAL ANALYSIS SYSTEM), **1990**: SAS user's guide. Version 6,07. *SAS. circl. Bow 800 Cary, NC 27 512-8000*, Cary NC: SAS Institute INC, Fourth Edition

Sax K., **1923**: The association of size differences with seed coat pattern and pigmentation in Phaseolus vulgaris. *Genetics*, **8**: 552-560

SHARMA P.C., WINTER P., BUNGER T., HUTTEL B., WEIGAND F., WEISING K., KAHL G., **1995**: Abundance and polymorphism of di-, tri-, and tetra-nucleotide tadem repeats in chickpea (*Cicer arietinum* L.). *Theoretical and Applied Genetics*, **90**: 90-96

SHRIMPTON A.E., ROBERTSON A., **1988**: The isolation of polygenic factors controlling bristle score in *Drosophila melanogaster*. II. Distribution of third chromosome bristle effects within chromosome sections. *Genetics*, **11**: 445-459

SMITH J.S.C., CHIN E., SHU H., SMITH O.S., WALL S.J., SENIOR L., MITCHELL S., KRESOVICH S., ZIEGLE J., CHIN E., **1997**: An evaluation of the utility of SSR loci as molecular markers in maize (*Zea mays* L.): comparisons with data from RFLP and pedigree. *Theoretical and Applied Genetics*, **95**: 163-173

SOLLER M., BECKMANN J.S., **1990**: Marker-based mapping of quantitative trait loci using replicated progenies. *Theoretical and Applied Genetics*, **80**: 205-208

SPOONER D.M., PERALTA I.E., KNAPP S., **2003**: AFLP phylogeny of wild tomatoes. *Plant and Animal Genomes XI conferences*, San Diego, P504

SUSAN R., OGIHARA A., **1997**: Application of Inter-simple sequence repeat polymorphisms in wheat for use as DNA markers in comparison to RFLP and RAPD markers. *Theoretical and Applied Genetics*, **94**: 597-602

-T-

TANKSLEY S.D., MEDINA-FILHO H., RICK C.M., **1982**: Use of naturally-occuring enzyme variation to detect and map genes controlling quantitative traits in an interspecific backcross of tomato. *Heredity*, **49**: 11-25

TANKSLEY S.D., BERNATZKY R., LAPITAN N.L., PRINCE J.P., **1988**: Conservation of gene repertoire but not gene order in pepper and tomato. *Proc. Natl. Acad. Sci.*, USA, **85**: 6419-6423

TANKSLEY S.D., YOUNG N.D., PATERSON A.H., BONIERBALE M.W., **1989**: RFLP mapping in plant breeding. New tool for an old science. *Bio/Technology*, **7**: 257-264

TANKSLEY S.D., GANAL M.W., PRINCE J.P., DE VICENTE M.C., BONIERBALE M.W., BROUN P., FULTON T.M., GIOVANNONI J.J., GRANDILLO S., MARTIN G.B., MESSEGUER R., MILLER J.C., MILLER L., PATERSON A.H., PINEDA O., RODER M.S., WING R.A., WU W., YOUNG N.D., **1992**: High density molecular linkage maps of the tomato and potato genomes. *Genetics*, **132**: 1141-1160

TANKSLEY S.D., GRANDILLO S., FULTON T.M., ZAMIR D., ESHED Y., PETIARD V., LOPEZ J., BECK-BUNN T., **1996**: Advanced backross QTL analysis in a cross beween an elite processing line of tomato and its wild relative *L. pimpinellifolium*. *Theoretical and Applied Genetics*, **92**: 213-224

TAUTZ D., **1989**: Hypervariability of simple sequence as a general source for polymorphic DNA markers. *Nucleic Acids Research*, **17**: 6463-6471

TAUTZ D., **1993**: Notes on the definition and nomenclature of tandemly repetitive DNA sequences. *In: DNA fingerprinting: state of science (Ed. Pena S.D.J., Chakraborty R., Epplen J.T., Jeffreys A.J.)*, Birkhäuser Verlag Basel, Switzerland, 21-28

THODAY J.M., **1961**: Location of polygenes. *Nature*, **191**: 368-370

TILLMAN D., LEHMAN C., **2001**: Human caused environmental change: Impacts on plant diversity and evolution. *Proc. Natl. Acad. Sci.*, USA, **98**: 433-5440

TOMASSONE R., DERVIN C., MASSON J.P., **1993**: Biométrie. Modélisation de phénomènes biologiques. (*Ed. Masson*), Paris, 553 p

TRIFI-FARAH N., **1986**: Analyse de la variabilité morphologique et isoenzymatique: Relations entre formes cultivées et spontanées de *Hedysarum coronarium* L. *Thèse de 3ème cycle, Fac. Sc. Tunis*, 102 p

TRIFI-FARAH N., CHATTI W.S., MARRAKCHI M., PERNES J., **1989**: Analyse de la variabilité morphologique et enzymatique des formes cultivées et spontanées de *Hedysarum coronarium* L. en Tunisie. *Agronomie*, **9**: 591-598

TRIFI-FARAH N., MARRAKCHI M., **2000**: Genetic variability of *Hedysarum coronarium* L. using molecular markers. *Cah. Options Mediterr.*, **45**: 85-89

TRIFI-FARAH N., MARRAKCHI M., **2001**: *Hedysarum* phylogeny mediated by RFLP analysis of nuclear ribosomal DNA. *Genetic Resources and Crop Evolution*, **48(4)**: 339-345

TRIFI-FARAH N., **2002**: Les ressources génétiques des espèces méditerranéennes du genre *Hedysarum*: Evaluation morphologique et moléculaire. Thèse d'Etat es-sciences naturelles; *Fac. Sc. Tunis*, 133 p

TRIFI-FARAH N., MARRAKCHI M., **2002**: Intra- and inter-specific genetic variability in *Hedysarum* revealed rDNA-RFLP markers. *Journal of Genetics and Breeding*, **56**: 1-9

TRIFI-FARAH N., BAATOUT H., BOUSSAÏD M., COMBES D., FIGIER J., SALHI-HANNACHI A., MARRAKCHI M., **2002**: Evaluation des ressources génétiques des espèces du genre *Hedysarum* dans le bassin méditerranéen. *Plant Genet. Res. Newsletter*, **130**: 1-6

TULSIERAM L.K., GLAUBITZ J.C., KISS G., CARLSON J.E., **1992**: Single tree genetic linkage analysis in conifers using haploid DNA from megagametophytes. *BioTechnology*, **10**: 686-690

-V-

VAN DER BEEK J.G., VERKERK R., ZABEL P., LINDHOUT P., **1992**: Mapping strategy for resistance genes in tomato based on RFLPs between cultivars: Cf9 (resistance to *Cladosporium fulvum*) on chromosome 1. *Theoretical and Applied Genetics*, **84**: 106-112

VOS P., HOGER R., BLEEKER M., REJANS M., VANDELEE T., HORNES M., FRIJTERS A., POT J., PELEMAN J., KUIPER M., ZABEAU M., **1995**: AFLP: a new technique for DNA fingerprinting. *Nucleic Acids Research*, **23**: 4407-4414

-W-

WEISING K., NYBOM H., WOLFF K., MEYER W., **1995**: DNA fingerprinting in Plants and Fungi. *Boca raton*, Florida, CRC press

WELLER J.I., **1987**: Mapping and analysis of quantitative trait loci in *Lycopersicon* (tomato) with the aid of genetic markers using approximate likelihood methods. *Heredity*, **59**: 413-421

WHITTON J., BAIN J.F., **1992**: An analysis of morphological variation in *Senecio cymbalaria* (*Asteraceæ*). *Canadian Journal of Botany*, **70**: 285-290

WILLIAMS J.G.K., KUBELIK A.R., LIVAK K.J., RAFALSKI J.A., **1990**: DNA polymorphisms amplified by arbitrary primers are useful as genetic markers. *Nucleic Acids Research*, **18**: 6531-6535

WINTER P., KAHL G., **1995**: Molecular marker technologies for plant improvement. *World J. Microbiol. Biotech.*, **11**: 438-448

WU K.S., TANKSLEY S.D., **1993**: Abudance, polymorphism and genetic mapping of microsatellites in rice. *Molecular and General Genetics*, **241**: 225-235

WU K.S., JONES R., DANNEBERGER L., SCOLNIK P.A., **1994**: Detection of microsatellite polymorphism without cloning. *Nucleic Acids Research*, **22**: 3257-3258

-X-

XU M.L., MELCHINGER A.E., XIA X.C., LUBBERSTEDT T., **1999**: High-resolution mapping of loci conferring resistance to sugarcane mosaic virus in maize using RFLP, SSR, and AFLP markers. *Molecular and General Genetics*, **261(3)**:574-81

-Y-

YIN X., STAM P., JOHAN DOURLEIJN C., KROPFF M.J., **1999**: AFLP mapping of quantitative trait loci for yield-determining physiological characters in spring barley. *Theoretical and Applied Genetics*, **99**:244-253

YU Z.H., MACKILL D.J., BONMAN J.M., TANKSLEY S.D., **1991**: Tagging genes for blast resistance in rice via linkage to RFLP markers. *Theoretical and Applied Genetics*, **81**: 471-476

-Z-

ZABEAU M., VOS P., **1993**: Selective Restriction Fragment Amplification: A general Method for DNA Fingerprinting. *European Patent Application 92402629.7* (publication No. **0 534 858 A1**)

ZIETKIEWICZ E., RAFALSKI A., LABUDA D., **1994**: Genome fingerprinting by simple sequence repeats (SSR)-anchored polymerase chain reaction amplification. *Genomics*, **20**: 176-183

ZOUAGHI M., **2001**: "Békri 21": une nouvelle variété de Sulla à production élevée. *Revue de l'Agriculture*, **46**: 10-15

ANNEXES

ANNEXE I

COMPOSITION DES TAMPONS:

1) - Tampon d'extraction

Tris-HCL	100 mM
EDTA	50 mM
NaCl	500 mM
β Mercaptoéthanol	10 mM

2) Tampon TE

a- TE (50-1)

Tris	50 mM
EDTA	1 mM

b- TE (10-1)

Tris	10 mM
EDTA	1 mM

ANNEXE II
COMPOSITION DES GELS UTILISES:

1) - Gel d'agarose

L'agarose est dissout par chauffage dans du tampon TBE 0,5 x. Après addition de 3µl de BET à raison de 10 mg /ml, la solution d'agarose est coulée dans le support du gel.

2) - Gel d'acrylamide

Acrylamide/Bisacrylamide 19:1 (40%)	15 ml
Urée	42 g
TBE 10 X	10 ml
QSP H_2O	100 ml

ANNEXE III

COMPOSITION DES SOLUTIONS POUR LA COLORATION AU NITRATE D'ARGENT :

1) - Solution fixation/Stop (acide acétique 10%)

Acide acétique glacial	200 ml
Eau bidistillée stérile	1800 ml

2) - Solution de coloration

Nitrate d'argent	2 g
Formaldéhyde 37%	3 ml
Eau bidistillée stérile (QSP)	2000 ml

3) - Solution de révélation

Sodium carbonate anhydre	60 g
Formaldéhyde 37%	3 ml
Sodium thiosulfate (10mg/ml)	400 µl
Eau bidistillée stérile (QSP)	2000 ml

ANNEXE IV

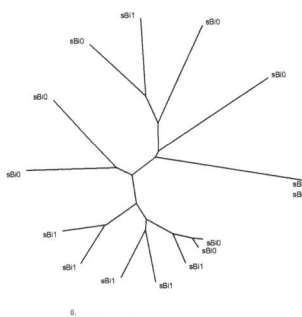

Dendrogramme intra-population
de la population de Bizerte

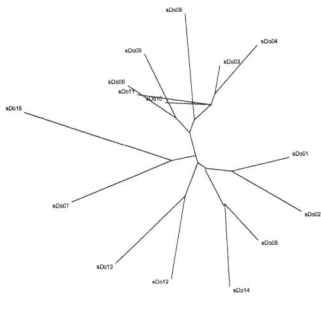

Dendrogramme intra-population
de la population de Dogga

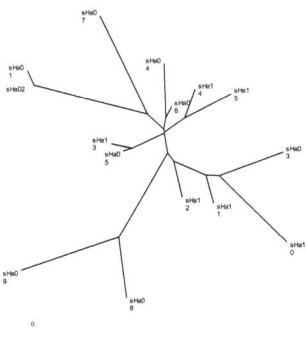

Dendrogramme intra-population
de la population d'El Haouaria

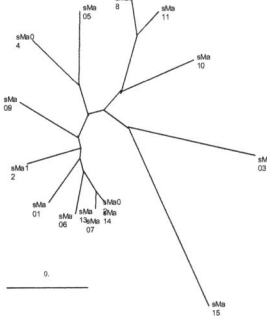

Dendrogramme intra-population
de la population de Makthar

ANNEXE V

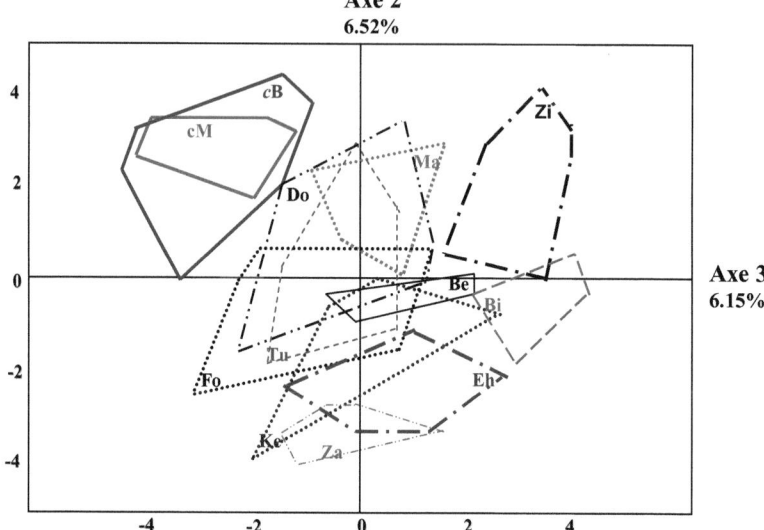

Dispersion des accessions dans le plan engendré par les axes 2-3 de l'analyse en composantes principales (ACP).

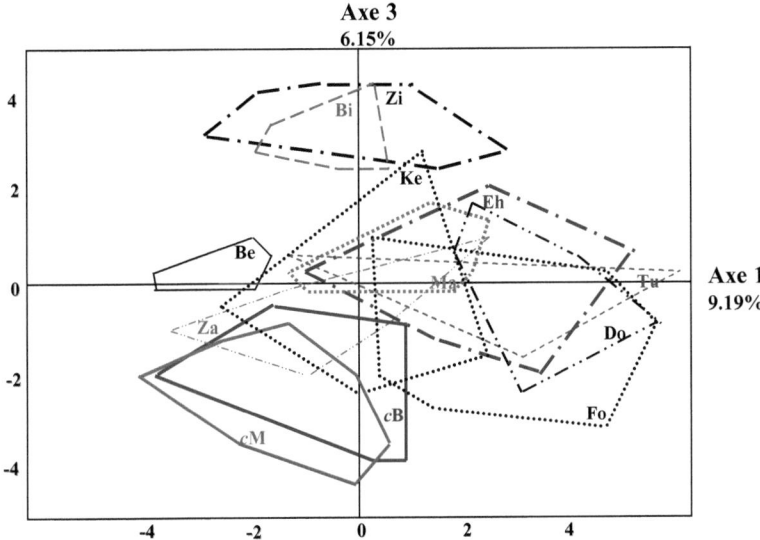

Dispersion des accessions dans le plan engendré par les axes 1-3 de l'analyse en composantes principales (ACP).

ANNEXE VI

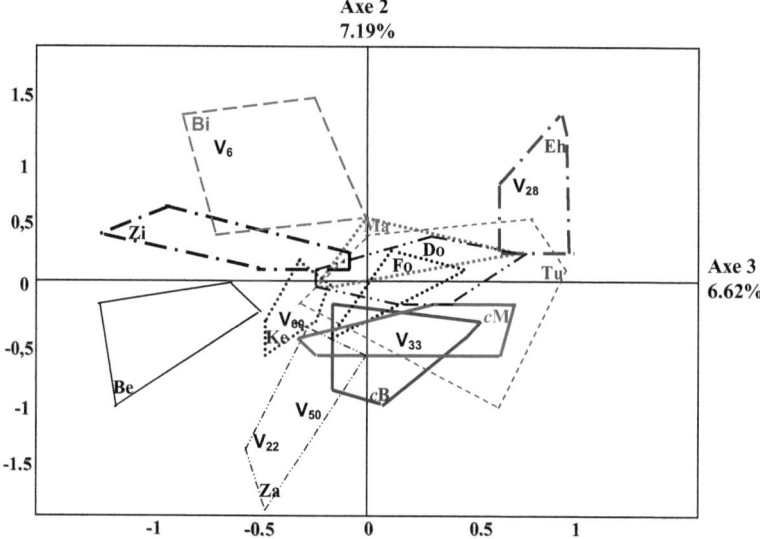

Dispersion des accessions dans le plan engendré par les axes 2-3 de l'analyse factorielle des correspondances (AFC).

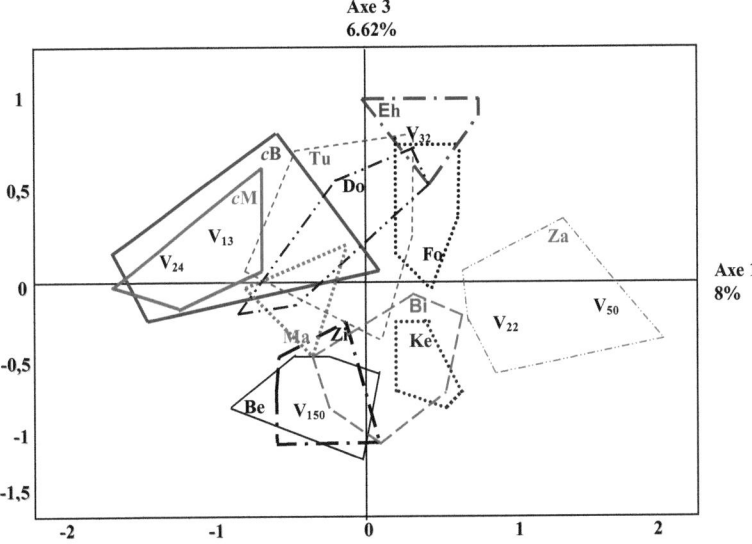

Dispersion des accessions dans le plan engendré par les axes 1-3 de l'analyse factorielle des correspondances (AFC).

Oui, je veux morebooks!

i want morebooks!

Buy your books fast and straightforward online - at one of world's fastest growing online book stores! Environmentally sound due to Print-on-Demand technologies.

Buy your books online at
www.get-morebooks.com

Achetez vos livres en ligne, vite et bien, sur l'une des librairies en ligne les plus performantes au monde!
En protégeant nos ressources et notre environnement grâce à l'impression à la demande.

La librairie en ligne pour acheter plus vite
www.morebooks.fr

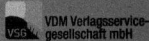 VDM Verlagsservicegesellschaft mbH
Heinrich-Böcking-Str. 6-8   Telefon: +49 681 3720 174   info@vdm-vsg.de
D - 66121 Saarbrücken   Telefax: +49 681 3720 1749   www.vdm-vsg.de

Printed by Books on Demand GmbH, Norderstedt / Germany